MAGDA

MITGEFÜHL

MAGDALENA ROGL

MITGEFÜHL

Warum
Emotionen
im Job
unverzichtbar
sind

echtEMF ist eine Marke der Edition Michael Fischer

1. Auflage
Originalausgabe
© 2022 Edition Michael Fischer GmbH, Donnersbergstr. 7, 86859 Igling
Covergestaltung: Luca Feigs, unter Verwendung eines Motivs von © Thomas Dashuber
Redaktion: Regina Carstensen
Satz: Luca Feigs
Illustrationen: Eva Krebs und Luca Feigs unter Verwendung von Motiven von
Pavlo S/shutterstock, eveleen/shutterstock und Fagreia/shutterstock
Druck: GGP Media GmbH, Karl-Marx-Straße 24, 07381 Pößneck

ISBN 978-3-7459-1321-7

www.emf-verlag.de

Inhalt

0

Vorwort

Ein Zimmer voller Bücher, der ganze Boden übersät mit Notizen, auf dem Tisch liegen Zeitungen, Ordner – ein einziges Chaos.

„Was machst du da?", fragt mein Kind, völlig irritiert, weil ich eigentlich ein sehr ordnungsliebender Mensch bin.

„Ich schreibe ein Buch über Emotionen und Empathie", antworte ich.

Das Kind sagt sehr trocken, aber vollkommen ernst: „Das ist doch ganz einfach. Empathie ist wichtig. Punkt. Buch fertig."

Auch wenn das natürlich grundsätzlich richtig ist (Kinder haben eigentlich fast immer recht), gibt es so unglaublich wichtige, spannende Dinge zu diesem Thema zu sagen und zu lernen. In den letzten Jahren konnte ich selbst sehr viel darüber erfahren, was Emotionen für uns persönlich und für die Arbeitswelt bedeuten. Ich konnte wachsen – und hatte dabei manchmal starke Wachstumsschmerzen.

Der Auslöser, mich bewusst und intensiv mit Emotionen zu beschäftigen, war, als mir eine Kollegin vor vielen Jahren sagte: „Lena, du bist viel zu emotional, und damit untergräbst du deine Autorität." Ich war erst mal ziemlich sprachlos, wollte aber verstehen, was hinter dieser Aussage steckte. Ich wollte begreifen, warum wir Emotionen so unterschiedlich leben und wahrnehmen, warum es Menschen gibt, die Emotionen komplett verdrängen, und vor allem, warum wir Emotionen aus der Arbeitswelt ausgrenzen, anstatt sie zu nutzen.

„Emotionen" und „Arbeit" sind zwei Begriffe, die für die meisten Menschen immer noch nichts miteinander zu tun haben. Dabei kann uns das Bewusstsein über die eigenen und die Emotionen anderer erfolgreicher und glücklicher machen. Dafür brauchen wir emotionale Intelligenz. Und im Gegensatz zum IQ können wir unseren EQ trainieren und so auch Resilienz entwickeln. Der Mythos, es gäbe eben empathische und weniger empathische Menschen, ist nämlich falsch. Wir können unser Einfühlungsvermögen wie einen Muskel trainieren – und dabei sollten wir zuallererst üben, empathischer mit uns selbst zu sein.

Denn Selbstmitgefühl kann uns selbstbewusster und vor allem glücklicher machen als Selbstdisziplin. Wir können die innere kritische Stimme, die uns in unseren Gedanken oft laut und grob begleitet, zum inneren Ratgeber machen. Wir haben die Chance, wirkliches SelbstBEWUSSTsein zu entwickeln und dadurch empathischer mit uns selbst, aber vor allem auch mit unseren Mitmenschen oder Kolleg*innen zu sein.

Über diese Dinge – und sicher noch ein paar mehr – möchte ich hier schreiben. Über meine eigenen Erfahrungen als Mitarbeitende und mit Mitarbeitenden, über die Erfahrungen, die andere mit mir geteilt haben, über das, was die Wissenschaft dazu sagt, und darüber, was wir ganz konkret tun können.

Als ich diesen Entschluss gefasst habe, bin ich selbst sehr emotional geworden. Überwältigt von Dankbarkeit, die Chance zu haben, diese Gedanken zu teilen, und voller Zweifel und Angst, ob ich gut genug bin, wirklich ein Buch zu schreiben. Bin ich etwa zu emotional zum Schreiben?

Ich bin keine Wissenschaftlerin, ich bin keine Journalistin. Eigentlich bin ich Kinderpflegerin. Vor mehr als zehn Jahren, mit Mitte zwanzig, habe ich einen Quereinstieg in die Medienbranche gemacht. Ich war alleinerziehend mit zwei kleinen Kindern, wollte und musste mich beruflich neu orientieren. Ohne Abitur oder Studium startete ich erst mal als Aushilfe in einer Onlineredaktion und moderierte dort die Kommentare unter den Artikeln, das nannte sich damals Community Management. Es ging darum, möglichst sachlich und vor allem schnell zu entscheiden, was mit einem Kommentar passiert. Stundenlang lesen, klicken, fast mechanisch reagieren und möglichst wenig über die Menschen nachdenken, die diese Kommentare geschrieben hatten. In meinem Ausbildungsberuf, in der Arbeit mit Kindern, spielen Emotionalität und Empathie eine große

Rolle – aber plötzlich fand ich mich in einer Arbeitswelt wieder, in der meine Gefühle offensichtlich überhaupt keinen Raum hatten oder sogar verpönt waren. Erschwerend kam noch mein Impostor-Syndrom dazu. Das Gefühl, eine Hochstaplerin zu sein, und die damit einhergehende Angst, jederzeit „enttarnt" werden zu können. Jahrelang habe ich versucht, eine Rolle zu spielen, habe mich so verhalten, als verstehe ich akademische Fachbegriffe, die mir völlig fremd waren, habe mich in der Büro-Toilette eingesperrt, um zu weinen, und habe meine Emotionen permanent unterdrückt. Ich habe nicht mehr darauf geachtet, was ich fühle, sondern nur noch darauf geachtet, so zu funktionieren, wie es in dieser Arbeitswelt scheinbar angebracht war. Die cholerischen Schreianfälle des Chefs habe ich akzeptiert, nie aber meine eigene emotionale Reaktion darauf.

Mein Selbstbewusstsein und mein Selbstvertrauen haben stark darunter gelitten – rückblickend eigentlich logisch: Wenn ich meine eigenen Emotionen so verdränge, dass sie mir nicht mehr bewusst sind, wie soll ich dann Vertrauen in mich selbst haben? Wie soll ich dann selbstbewusst sein? Vielleicht hat diese fehlende Emotionalität im Job aber damals dazu geführt, dass ich mir andere Wege gesucht habe, meinen Emotionen Raum zu geben und sie für meine berufliche Weiterentwicklung zu nutzen.

Als Quereinsteigerin war ich stark darauf angewiesen, mich gut zu vernetzen und von anderen Menschen zu lernen – dafür ist emotionale Intelligenz unverzichtbar. So sind aus Vorbildern Freundinnen geworden, aus Freundinnen

Kolleginnen. Ich hatte das Glück, dass viele davon nicht nur ihr Wissen geteilt, sondern mir auch Hände gereicht und Türen geöffnet haben. Und mit jeder Hand, die ich greifen durfte, mit jeder Tür, durch die ich gehen konnte, wuchs mein Selbstvertrauen.

Weil mir selbst die Emotionalität in der Arbeitswelt so oft gefehlt hat, habe ich immer versucht, mit Dienstleistungsunternehmen und eigenen Mitarbeitenden besonders empathisch zu sein – und trotzdem sehr klar zu kommunizieren, was ich erwarte. Mir wurde bewusst, welchen Unterschied es macht, als Führungskraft Mitgefühl zu haben. Ich wollte die Chefin sein, die ich mir früher selbst gewünscht hätte. Klar, reflektiert, empathisch – mit Gefühl.

Um mich selbst weiterzuentwickeln, habe ich damals wie heute regelmäßig Konferenzen und Workshops besucht. In einem davon hatten wir als Teilnehmende die Aufgabe, ein eigenes Vision Statement zu schreiben, also einen Leitsatz für uns selbst. Dieser Satz steht bis heute in meinem Notizbuch und hat auch Jahre später nicht an Bedeutung verloren: *By combining my educational and psychological background I want to empower and inspire people to be the best version of themselves.*

Ich möchte die wichtigen Methoden, die ich in meiner pädagogischen und entwicklungspsychologischen Ausbildung als Kinderpflegerin und von vielen Expert*innen gelernt habe, nutzen, um Menschen dabei zu helfen, die beste Version von sich selbst zu sein – und mit Menschen meine ich übrigens auch mich selbst.

Ich war unglaublich inspiriert von diesem Workshop

und sehr stolz, dass ich in kurzer Zeit mein persönliches Statement erarbeiten konnte. Weil es so exakt meine Werte zusammenfasste und das Potenzial hatte, ein deutlicher Kompass für meine eigene Weiterentwicklung zu sein. Aber dieses Gefühl von Inspiration und Stolz, das in diesem Moment so stark und unerschütterlich wirkte, wurde innerhalb von Sekunden und noch vor Ende des Workshops zunichtegemacht. Eine Kollegin, die zufällig im selben Workshop war, kam auf mich zu und sagte ebendiesen Satz, der mich überhaupt erst mit dem Thema konfrontiert hat: „Lena, ich finde, du bist viel zu emotional."

Ich war vollkommen perplex und schaltete spontan auf Autopilot. Weil ich verinnerlicht habe, wie wichtig Feedback und Wertschätzung sind, habe ich erst mal „Danke für deine Ehrlichkeit" geantwortet. Ich bin auch heute noch davon überzeugt, dass es als ehrliches und hilfreiches Feedback gemeint war. Aber was heißt denn eigentlich „zu emotional"? Und warum untergräbt meine Emotionalität meine Autorität? Warum sehen wir Emotionen immer noch als Schwäche?

In den letzten Jahren habe ich viele Vorträge über diese Thematik gehört. Der Vortrag, der mich dabei am meisten inspiriert und beeindruckt hat, war der von der US-Amerikanerin Brené Brown. Die Bestsellerautorin und Wissenschaftlerin forscht seit mehr als zwanzig Jahren zu Emotionen und hat den Begriff „Vulnerable Leadership" geprägt. Die wörtliche Übertragung „Verletzliche Führung" klingt etwas sperrig, ich übersetze es deshalb lieber als „emotionale Führung". Es geht darum, sich der eigenen Verletzlichkeit bewusst zu werden, sie zu reflektieren und sie zu nutzen, um besser zusammenzuarbeiten.

Was für mich dabei ganz wichtig ist: Leadership hat nichts damit zu tun, ob ein Mensch Personalverantwortung hat. Für mich geht es vielmehr um eine Vorbildfunktion und um Verantwortung. Und diese Rolle können wir alle übernehmen.

Als ich angefangen habe, selbst öffentlich über Emotionen zu sprechen und zu schreiben, war ich erstaunt, wie groß die Resonanz darauf ist – positiv wie negativ. Man könnte auch sagen: emotional.

Mein erster Artikel zu Emotionen in der Arbeitswelt wurde hundertfach geteilt, zu keinem Thema habe ich in den vergangenen Jahren mehr Vorträge gehalten und Interviews gegeben. Eine Frage wird mir dabei fast immer gestellt: „Wenn wir im Job alle weinen, wie sollen wir dann noch arbeiten?" Das zeigt sehr deutlich, welche Bedeutung Emotionen in unserer Gesellschaft haben. Wir sehen sie selten als wertvoll, sondern als lästig, anstrengend und peinlich. Weinen im Beruf wird als absolutes No-Go gesehen – cholerische Chefs dagegen werden mehr oder weniger klaglos akzeptiert und gelten als „normal".

Natürlich ist weder maßloses Weinen noch aggressives Verhalten hilfreich in der Zusammenarbeit. Es geht nicht darum, Emotionen ungefiltert rauszulassen, sondern darum, sie zu reflektieren und als Kompass zu nutzen. Es geht darum, unsere Emotionen nicht zu unterdrücken, sondern wahrzunehmen, zu reflektieren und Mitgefühl mit uns selbst zu haben, um uns als Menschen weiterentwickeln zu können.

Genau darüber möchte ich in diesem Buch schreiben. Weil ich davon überzeugt bin, dass wir in unserer Gesellschaft, aber vor allem in unserer Arbeitswelt mehr Mitgefühl brauchen. Mit anderen, aber vor allem mit uns selbst.

Ich möchte euch mitnehmen auf meine Reise, und vielleicht habt ihr auch Lust, euch selbst auf eine Reise zu machen. Eine Reise #MitGefühl.

Bevor wir starten, ist mir noch ein Hinweis sehr wichtig:

Nicht alle Menschen nehmen Emotionen auf gleiche Weise wahr, genauso wenig drücken alle Menschen Emotionen auf gleiche Weise aus. Während einige Emotionen für manche von uns als universell gelten mögen, ist auch bekannt, dass gesellschaftliche Normen für Gefühle von neurodiversen Menschen (beispielsweise Menschen mit ADHS oder Autismus) anders wahrgenommen und gelebt werden können. Wenn wir die Welt um uns herum aus einer inklusiven Perspektive betrachten wollen, ist es wichtig, zu verstehen, dass nicht alle Menschen Emotionen in gleicher Weise erkennen und darauf reagieren.

Inklusion bedeutet auch, anzuerkennen, dass unterschiedliche Menschen emotional unterschiedlich denken und reagieren können.

1

Warum uns Emotionen selbstbewusster machen

Die wichtigste Frage ist natürlich: Was sind Emotionen überhaupt?

Und darauf gibt es keine einfache Antwort. Emotionen, Emotionalität, Gefühle, Fühlen – es gibt verschiedene Worte mit unterschiedlichen Bedeutungen, die aber oft als Synonyme benutzt werden. Auch die wissenschaftlichen Begriffsbestimmungen unterscheiden sich teilweise, die eine, ganz präzise Definition für den Begriff „Emotion" gibt es nicht. Schaut man in die Philosophie, finden sich andere Erklärungen als in der Psychologie oder der Neurowissenschaft. Damit wir hier einen gemeinsamen Startpunkt haben, würde ich gerne diese Definition festhalten: Eine Emotion ist eine psychologische und/oder physiologische Reaktion auf eine Situation.

Wir reagieren nämlich nicht nur „im Kopf", sondern auch körperlich. Zum Beispiel haben wir Gänsehaut, wenn uns etwas berührt, Herzrasen, wenn wir gestresst sind, wir schwitzen, wenn wir Angst haben. Aber Moment! Habt ihr vielleicht eher Gänsehaut bei Ekel, Herzrasen, wenn ihr verliebt seid, und friert ihr, wenn ihr Angst habt? Genau das ist ein ganz wichtiger Punkt: Unsere emotionalen Reaktionen können sehr unterschiedlich sein. Emotionen können sich für mich anders anfühlen als für mein Gegenüber. Deshalb ist es schwierig, Emotionen zu definieren, und umso wichtiger, darüber zu sprechen.

Ich glaube, es geht aber gar nicht so sehr darum, wie eine Definition lautet, sondern vielmehr darum, was wir im Allgemeinen unter dem Begriff „Emotion" verstehen – und das hängt natürlich auch von unserer gesellschaftlichen und sozialen Prägung ab. Wie sehr wir von klein auf gelernt haben, auf unsere Emotionen zu achten, Raum für sie zu bekommen und sie in Worte zu fassen – oder eben nicht. Als ich noch in meinem früheren Beruf als Kinderpflegerin gearbeitet habe, habe ich oft erlebt, wie Eltern versuchen, die Emotionen ihrer Kinder zu lenken und manchmal auch zu unterdrücken. Aber wir können ihnen dabei helfen, ihre Emotionen wahrzunehmen, und ihnen die Möglichkeit geben, ihre emotionalen Bedürfnisse auszudrücken.

Ganz wichtig ist es nämlich, ob und wie uns beigebracht wurde, unsere eigenen Emotionen zu benennen.

Schon Säuglinge kommen mit Emotionen auf die Welt, sie sind überlebenswichtig. Durch Weinen signalisieren sie beispielsweise Angst, Hunger oder das Bedürfnis nach

Zuneigung. Nach einigen Wochen können Babys Freude ausdrücken und lächeln, sie fangen an, die Emotionen von Erwachsenen nachzuahmen. Mit ungefähr einem Jahr werden die Emotionen differenzierter, und meist ist das auch der Zeitpunkt, in dem Kinder anfangen zu sprechen. Auszudrücken, zu benennen, wie wir uns fühlen, ist bestenfalls etwas, das wir von Kindesbeinen an lernen – aber leider entspricht das eher selten der Realität. Vermutlich liegt das auch daran, dass viele Eltern selbst nicht darin bestärkt wurden, über ihre Emotionen zu sprechen. Und das bringt uns zur gesellschaftlichen Prägung: Es geht nicht nur darum, wie unser soziales Umfeld mit Emotionen umgeht, sondern auch darum, welche Bedeutung Emotionen in unserer Kultur haben. Und die Deutschen sind nicht gerade für ihre Emotionalität bekannt. Obwohl viele Emotionen nachweislich kulturübergreifend sind, ist es sehr unterschiedlich, welchen Wert und welchen Raum sie in der jeweiligen Kultur haben. Im Gegensatz zu anderen Kulturen haben Emotionen in der deutschen Gesellschaft eher wenig Raum. Aber die gute Nachricht ist: Dafür ist es nie zu spät. Wir können das lernen, und vielleicht sogar unsere Gesellschaft verändern.

Ich selbst bin mit einem sehr gespaltenen Verhältnis zu Emotionen aufgewachsen. Mein Vater neigte zu unvorhersehbaren Wut- und Gewaltausbrüchen. Ich habe nie verstanden, wodurch diese ausgelöst wurden. Aber weil mein Vater in unserem sozialen und gesellschaftlichen Umfeld sehr bewundert wurde, engagierte er sich doch für Naturschutz und Kultur, konnte ich als Kind nur schlussfolgern, dass mit meiner Schwester und mir etwas nicht stimmen musste. Von meinen Großeltern bekam ich oft signalisiert, dass ich sehr anstrengend, zu laut, zu wild, zu viel sei und dass es ja kein Wunder wäre, dass mein Vater überfordert sei. Ich habe daraus früh gelernt, dass meine Emotionen nichts Gutes sind. Und gleichzeitig geübt, meine emotionalen Bedürfnisse von Anerkennung, Zuneigung und Liebe zu stillen, indem ich mich anderen Menschen gegenüber genau so verhielt, wie sie es vermutlich gut finden. Ich habe gelernt, die Emotionen anderer so perfekt zu lesen, dass ich genau darauf reagieren konnte. Ohne es damals zu wissen, bin ich eine Meisterin in Empathie geworden – aber nur für andere, nicht für mich selbst.

Ganz früh habe ich den Entschluss gefasst, Kindergärtnerin zu werden. Rückblickend ist für mich klar: Ich wollte anderen Kindern das geben, was ich selbst nicht bekommen habe. Emotionale Sicherheit. Mit sechzehn habe ich mich dazu entschieden, das Gymnasium zu verlassen, um meinen Traumberuf zu ergreifen. In der Ausbildung erfuhr ich viel über Pädagogik, Entwicklungspsychologie und Emotionen und war unglaublich fasziniert, wie wir Menschen funktionieren. Gleichzeitig war ich verwundert darüber, dass diese Themen in der Schule und in unserer Allgemeinbildung kaum Raum einnahmen. Besonders irritierend fand ich (und das hat sich bis heute nicht geändert), dass das Wort „Emotionen" in unterschiedlichen Zusammenhängen ganz anders bewertet wird – mal als etwas ganz Tolles und mal als etwas, das es um jeden Preis zu vermeiden gilt.

Wie wir Emotionen als Signale nutzen können

Während der Coronapandemie habe ich zum Beispiel angefangen, regelmäßig freiwillige Fragebögen des Robert Koch-Instituts auszufüllen. Eine Frage lautete, wie emotional ich mich derzeit fühle. Erst einmal ist das eine neutrale Frage – allerdings stand hinter ihr in Klammern „ängstlich, nervös". Dabei ist es gerade in herausfordernden Zeiten wie einer Pandemie wichtig und positiv, emotional zu sein, Gefühle zu zeigen, empathisch miteinander umzugehen. In dieser Umfrage wurde Emotionalität aber als negativ bewertet. Das ist nur ein Beispiel von vielen und macht deutlich: Emotionen werden in unserer Gesellschaft oft als etwas Schwieriges oder manchmal sogar Lästiges gesehen.

In den letzten Jahren habe ich mehr als achtzig Vorträge oder Workshops zu Emotionen gehalten und Interviews gegeben. Im Vorwort habe ich schon eine der häufigsten Fragen erwähnt, die mir in diesem Zusammenhang gestellt wird. Anfangs hat sie mich irritiert, heute bringt sie mich zum Schmunzeln: „Wie sollen wir denn arbeiten, wenn plötzlich alle nur noch weinen?"

Anhand dieser Frage werden gleich zwei Dinge deutlich: Bei Emotionen im Zusammenhang mit der Arbeitswelt denken zum einen sehr viele sofort an weinende Kolleg*innen, nicht aber an Begeisterung für Ideen, Leidenschaft für Projekte oder Empathie für Mitarbeitende. Und zum anderen glauben die meisten, dass ich dafür plädiere, Emotionen ungefiltert auszuleben. Aber das ist selten hilfreich, weder im Arbeitsumfeld noch im Privaten. Entscheidend ist, dass wir unsere Emotionen bewusst wahrnehmen, sie reflektieren und als die wichtigen Signale nutzen, die sie sind.

Jede Emotion kann sehr viel über uns verraten, jede Emotion kann helfen, uns über uns selbst bewusst zu werden. Und ist es nicht das, was wir uns alle wünschen – mehr Selbstbewusstsein? Kaum ein Begriff findet sich öfter in Coaching-Angeboten oder Ratgebern. Sehen wir uns dieses Wort einmal genauer an, wird schnell deutlich, dass es von uns eigentlich falsch genutzt wird. Selbstbewusstsein gilt, folgt man dem Duden, als Synonym für „das Überzeugtsein von eigenen Fähigkeiten, von seinem Wert als Person, das sich besonders in selbstsicherem Auftreten ausdrückt".

Viel wichtiger ist aber die wortwörtliche Bedeutung: das Bewusstsein über uns selbst. Und dabei spielen unsere Emotionen eine sehr große Rolle. Wenn wir uns wirklich Zeit nehmen, unsere Emotionen zu reflektieren, und uns so bewusst über uns selbst werden – können wir wirkliches Selbstbewusstsein entwickeln und auch nachhaltig verankern.

Für dieses SelbstBEWUSSTsein ist es aber erst einmal wichtig, zu verstehen, was unsere Persönlichkeit ausmacht. In der Psychologie wird dabei von den „Big Five" gesprochen. Die Big Five wurden durch diverse Studien erforscht und belegt und gelten heute als universelles Standardmodell in der Persönlichkeitsforschung. Demnach zufolge existieren fünf Faktoren, um unsere Persönlichkeit, unseren Charakter besser zu beschreiben: Offenheit für Erfahrungen (Aufgeschlossenheit), Verträglichkeit (Empathie), Neurotizismus

(Verletzlichkeit), Gewissenhaftigkeit (Perfektionismus) sowie Extraversion (Geselligkeit).

Emotionen spielen für diese Persönlichkeitsmerkmale eine grundlegende Rolle, weil sie uns einerseits dabei helfen können, unseren Charakter zu entwickeln. Andererseits sind sie in der Lage, wichtige Botschaften zu den einzelnen Faktoren zu vermitteln. Sie können uns verständlich machen, wann und warum wir uns verletzlich fühlen oder was uns dabei hilft, empathisch zu sein.

Im vielfach ausgezeichneten US-amerikanischen Animationsfilm *Alles steht Kopf* werden fünf unserer Basisemotionen, also Freude, Kummer, Angst, Wut und Ekel, als Schaltzentrale im Kopf der kleinen Riley gezeigt. Mir gefällt dieses Bild sehr gut: Emotionen sind Nachrichten unserer Psyche. Sie geben uns wichtige Informationen über uns und unsere Welt. Im Film führen die Emotionen unter der Leitung von Freude die Teenagerin Riley mithilfe eines Schaltpults durch den Alltag. Freude ist dafür zuständig, dass Riley glücklich ist, Angst bewahrt sie vor Unfällen und Verletzungen, Wut sorgt für Gerechtigkeit und Ekel dafür, dass Riley nicht krank wird. Nur Kummer scheint im Film anfänglich keine wirkliche Aufgabe zu haben – bekommt aber im weiteren Verlauf eine Hauptrolle: Als klar wird, dass die Aufgabe von Kummer unter anderem darin besteht, Bindungen zu stärken, wird diese Emotion zur leitenden Funktion in der Schaltzentrale und sorgt dafür, dass Riley, nachdem sie von zu Hause weggelaufen war, die wichtige Bindung zu ihren Eltern wiederfinden kann und nach Hause zurückkehrt.

Der Pixar-Film zeigt für mich auf wunderbare Weise,

dass alle unsere Emotionen wichtig sind und eine eigene Aufgabe haben. Von der Deutschen Film- und Medienbewertung (FBW) bekam *Alles steht Kopf* das Prädikat „besonders wertvoll" mit der Begründung: „Am Ende steht die Erkenntnis, dass alle Gefühle – auch die vermeintlich negativen – ihre Daseinsberechtigung und ihre Zeit haben und dass Kummer ein wichtiger Bestandteil des Lebens ist. Wie unterhaltsam, leicht, fantasievoll und dennoch zutiefst klug *Alles steht Kopf* diese Einsicht in unsere Gefühlswelt auf den Punkt bringt, macht ihn zu einer absoluten Ausnahmeerscheinung im Family Entertainment bzw. Animationsfilm – und damit zu einem Werk, das möglicherweise Maßstäbe für die Zukunft setzen wird."

Der Film macht deutlich, dass wir all unsere Emotionen wertschätzen sollten, bevor wir sie bewerten. Und auch, dass wir einzelne Emotionen nicht einfach abschalten können, sondern sie vielmehr wie ein Mischpult für Musik nutzen sollten: Nur mit vielen unterschiedlichen Komponenten kann ein guter Song entstehen. Nur wenn wir alle Emotionen wahrnehmen, können wir emotionale Intelligenz entwickeln.

Wie wir emotionale Intelligenz entwickeln

Emotionale Intelligenz beschreibt die Fähigkeit, eigene und die Gefühle anderer bewusst wahrzunehmen, sie nachzuvollziehen, zu reflektieren und sinnvoll zu nutzen. Und genau das ist für mich eine wichtige Entwicklung, vor allem auch in der Arbeitswelt: von Emotionalität zu emotionaler Intelligenz.

Aber wie schaffen wir diesen großen Entwicklungsschritt? Indem wir die Teilschritte gehen, die nötig sind. Indem wir diese Zwischenschritte immer wieder üben, bis wir sie so verinnerlicht haben, dass sich die Entwicklung ganz von selbst ergibt.

Der erste Schritt ist die *bewusste Wahrnehmung* – und das ist zugegebenermaßen ziemlich schwer. Haben wir doch oft genug gelernt, Emotionen zu unterdrücken, sie sofort zu bewerten oder schlimmstenfalls uns für sie zu schämen. Ein Bild kann sehr hilfreich sein, um die Wahrnehmung für Emotionen zu schärfen: Emotionen sind wie Wellen im Meer, manchmal wild, manchmal überwältigend, manchmal sanft. Aber ganz egal, wie die Wellen gerade aussehen, unten ist das Meer immer ruhig. Genau diese Vorstellung von Ruhe hilft mir oft weiter, wenn ich mal wieder glaube, meine Emotionen schwappen über und werden unkontrollierbar. Ich versuche mich dann daran zu erinnern, dass trotz aller Wellen tief in mir Ruhe ist. Und wenn wir richtig gut üben, können wir die Wellen vielleicht sogar surfen. Gut, aber um ehrlich zu sein, hier endet meine Vorstellungskraft – das liegt aber nur daran, dass ich ein sehr unsportlicher Mensch bin und mich niemals auf einem Surfbrett halten könnte. Doch wenn ich nicht surfen kann, muss ich eben schwimmen. Und auch beim Schwimmen ist klar: Mit den Wellen zu schwimmen ist wesentlich schöner und einfacher als gegen sie.

Der zweite Schritt ist das *Verstehen*. Welche Emotion ist das gerade? Wie fühlt sie sich an? Das klingt erst einmal banal, aber das richtige Benennen von Emotionen ist existenziell.

Wenn wir beim Bild der Wellen bleiben, können wir uns vorstellen, dass die Wellen Dinge an den Strand spülen. Und wir sollten uns diese Dinge genau anschauen. Um das, was wir da sehen, auch zu verstehen, brauchen wir die richtigen Worte. Das Gute ist: Es gibt nicht nur die fünf Basisemotionen Freude, Kummer, Angst, Wut und Ekel, die in *Alles steht Kopf* vorgestellt werden. Der US-amerikanische Psychologe Robert Plutchik, einer der wichtigsten Forscher zu Emotionen, hat 1980 das „Rad der Emotionen" entwickelt, um Gefühle und deren unterschiedliche Ausprägungen darstellen. Ihm zufolge gibt es zweiunddreißig Felder, ähnliche Emotionen befinden sich nebeneinander, gegensätzliche Emotionen gegenüberliegend.

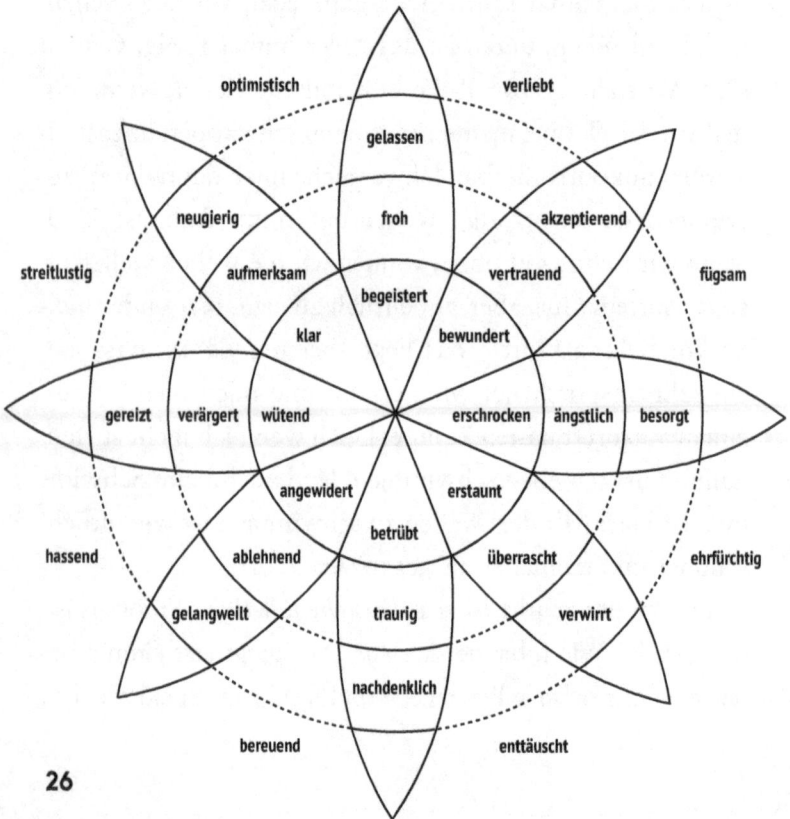

In ihrem Bestseller *Atlas of the Heart* stellt Brené Brown sogar siebenundachtzig verschiedene Emotionen detailliert vor. Um meine eigenen Emotionen besser verstehen zu können, hat es mir anfangs sehr geholfen, mich selbst zu fragen: Was für eine Emotion ist das genau, die ich hier gerade fühle? Ist es Bewunderung oder Neid? Ist es Angst oder Aufregung? Umso klarer ich meine Emotion benennen kann, desto besser kann ich sie erfassen und nachvollziehen. Emotionen zu benennen gibt ihnen nicht mehr oder weniger Macht – aber es gibt uns selbst Klarheit und damit die Macht, sie besser zu deuten und uns von ihnen nicht überwältigen zu lassen.

Im dritten Schritt geht es um die *Reflexion*. In der Physik beschreibt es das Zurückwerfen von Strahlen, im philosophischen Gebrauch wird es als Wort für „tiefes Nachdenken", „Nachsinnen" benutzt. Die physikalische Auslegung des Begriffs scheint besonders passend zu sein: Ehrlich sollten wir in den Spiegel schauen und sehen, was uns dort zurückgeworfen wird. Wenn wir uns dafür Zeit nehmen, ohne zu werten, haben wir die Chance, unsere Emotionen zu lesen. Was heißt: Nehmen wir sie erst mal so wahr, wie sie angespült werden, haben wir die Möglichkeit, darüber nachzudenken, woher sie kommen. Warum bin ich gerade neidisch? Was macht mich traurig? Wieso fühle ich mich gestresst? Wo liegt der Ursprung meiner Angst? Und vielleicht habt ihr es gemerkt: Das alles sind Emotionen, die wir im Alltag gerne wegwischen. Die wir eher ignorieren, wenn sie angespült werden, die wir sogar versuchen zu verstecken. Aber: Es gibt keine positiven oder negativen Emotionen. Je mehr wir uns bemühen, vermeintlich negative Emotionen zu unterdrücken, desto stärker kommen sie zurück. Alle Emotionen sind wichtig. Jede Emotion ist wichtig, um mehr über uns selbst zu erfahren, um uns besser zu verstehen, um selbstBEWUSSTER zu werden.

Genau dafür sind die Fragen, auf die nicht einfach mit einem „Ja" oder „Nein" geantwortet werden kann, so entscheidend: Warum bin ich gerade neidisch? Was macht mich traurig? Wieso fühle ich mich gestresst? Woher kommt meine Angst?

Wir schauen uns also an, was da gerade angespült wird, und können mit diesen Fragen anfangen zu reflektieren, nachzudenken, und vielleicht sogar einen Grund für die Emotion benennen. Das Wichtige ist, dass es hier um keine Wertung geht, um kein Urteil über uns selbst, sondern vielmehr um die Neugier, mehr über uns zu erfahren, uns selbst besser zu verstehen.

Im letzten Schritt geht es um das *sinnvolle Nutzen der eigenen Emotionen*: Warum spreche ich abschätzig, wenn ich neidisch bin? Zeigt mir der Neid vielleicht, was ich eigentlich bewundere? Kann er mir helfen, eigene Ziele zu setzen? Warum fühle ich mich wie gelähmt, wenn ich traurig bin? Muss ich der Traurigkeit vielleicht Raum geben, damit ich sie gehen lassen kann und sie mich nicht mehr bremst? Warum werde ich aggressiv, wenn ich gestresst bin? Zeigt mir meine Aggression vielleicht, dass ich körperlichen Ausgleich für meine Anspannung brauche? Was steckt hinter meiner Angst? Ist meine Angst vielleicht ein wichtiges Signal, das mich vor einem Fehler bewahren will?

Genau dieses Reflektieren und Benennen kann anfangs sehr schwierig sein, weil wir schnell dazu tendieren zu bewerten und oft sehr kritisch mit uns selbst sind. (Zur inneren kritischen Stimme komme ich noch.) Aber je mehr wir uns damit auseinandersetzen, umso größer und verlässlicher wird unsere Fähigkeit, eigene Gefühle und die von anderen konkret wahrzunehmen, zu verstehen und damit umzugehen – wir entwickeln emotionale Intelligenz.

Vielleicht gibt es eine Person in eurem Umfeld, der ihr vertraut, die ehrlich zu euch ist. Vielleicht könnt ihr mit ihr zusammen Emotionen benennen, sie reflektieren und nützliche Signale erkennen. Während ich an diesem Kapitel sitze, landet die Frage einer Freundin in meinem Postfach, wie ich ihre emotionale Reaktion auf eine berufliche E-Mail einordnen würde. Ich bin sehr dankbar, mittlerweile ein persönliches Umfeld zu haben, das offen mit Emotionen umgeht und sich ganz selbstverständlich gegenseitig beim Reflektieren und Einordnen unterstützt.

Wenn wir unsere Emotionen reflektieren und analysieren, wenn wir ihnen auf den Grund gehen, wenn wir uns Zeit für sie nehmen, weil wir sie nicht als lästig, sondern als hilfreich betrachten, können sie wichtige Wegweiser für unsere Passion und Antrieb für unsere Ziele sein. Wahrnehmen und Analysieren, statt Kämpfen und Ignorieren.

Falls ihr jetzt denkt: Puh, ganz schön viel auf einmal, kann ich euch beruhigen: Wir werden uns vieles davon in den folgenden Kapiteln noch mal genauer anschauen. Und es geht nie darum, alles richtig zu machen, sondern um das Anfangen. #MitGefühl

Hier ist eine kleine Übung, die euch vielleicht dabei helfen könnte:

Emotionales
SelbstBEWUSSTsein

Was ihr braucht:
Einen Notizblock oder eine Notiz-App in eurem Handy.

Übung:
Setzt euch drei Timer für den Tag: morgens, mittags, abends.
Wenn der Timer euch erinnert, schreibt kurz auf: Wo bin ich in diesem Moment? Was mache ich gerade? Wie fühle ich mich?
Wenn ihr zwischendurch eine starke Emotion spürt, notiert sie ebenfalls: Wo bin ich? Was mache ich gerade? Wie fühle ich mich?

Nehmt euch am Abend eine halbe Stunde Zeit, lest eure Notizen durch und reflektiert eure Emotionen mit offenen Fragen:
Warum habe ich mich so gefühlt? Wie ist meine Emotion entstanden? Was kann ich daraus über mich selbst lernen? Wie könnte ich diese Emotion nutzen?

Ihr könnt das natürlich so oft machen, wie ihr möchtet. Ich schreibe mittlerweile jeden Morgen kurz auf, wie ich mich am Vortrag gefühlt habe. Es reicht aber auch, wenn ihr es nur ein paarmal macht.
Es ist eine Chance, bewusster über eure Emotionen zu werden und sie mit der Zeit besser zu verstehen.

2

Warum es keine „Kopf- oder Bauchmenschen" gibt

„Du bist eben ein Bauchmensch und ich ein Kopfmensch!", sagte mir eine Kollegin vor vielen Jahren, als wir in einem Meeting sehr lange über ein mögliches Projekt diskutiert haben und unsere Ansätze sehr weit auseinanderlagen. Ich weiß noch immer nicht genau, ob sie das geäußert hat, um die Diskussion zu beenden, oder ob sie damit die Hierarchie (sie war wesentlich erfahrener als ich) deutlich machen wollte. Mein Bauchgefühl sagt mir eher Letzteres. Aber Moment. Bauchgefühl? Da ist es schon wieder. Wir tendieren in unserer Sprache und im Umgang miteinander dazu, Kopf und Bauch stark voneinander zu trennen. Der Kopf steht für das Rationale, der Bauch für das Emotionale. Und so bin ich einfach ziemlich lange davon ausgegangen: Ja, ich bin ein Bauchmensch. Kopf ist nicht so meins. Aber heute weiß ich, dass wir alle beides sind. Und dass es wichtig ist, zu verstehen, wie das eine mit dem anderen verbunden ist.

Wir alle kennen das: Eine bestimmte Melodie, die uns sofort so glücklich macht, dass wir lostanzen wollen; ein Geruch, der eine emotionale Erinnerung auslöst und uns ganz melancholisch werden lässt; ein Bild, das uns so traurig macht, dass sofort Tränen ins Auge steigen; ein Geschmack, den wir ekelig finden und der direkt einen Würgereiz auslöst. Aber wie entstehen diese Gefühle eigentlich? Was passiert dabei in unserem Körper? Da ist ganz plötzlich eine starke Emotion. Und meistens fällt es uns sehr schwer, wirklich zu erklären, woher die jeweilige Reaktion genau kommt.

Unser Gehirn verarbeitet elf Millionen Informationssignale pro Sekunde – aber nur vierzig davon können wir bewusst wahrnehmen. Diese Info habe ich von Janina Kugel gelernt, Managerin, Beraterin und ehemalige Siemens-Vorständin. Anfangs hatte ich jedes Mal, wenn ich Janina getroffen habe, weiche Knie, habe geschwitzt, habe Herzrasen bekommen, habe gestottert – so viele Emotionen auf einmal. Aber was passiert in einem solchen Moment in meinem Körper? Wie verarbeitet unser Gehirn so viele Informationen? Auf welche Weise entstehen diese Emotionen?

Wie ihr schon wisst, bin ich keine Neurowissenschaftlerin oder Medizinerin, und ich glaube auch, dass ich diese Aufgabenfelder lieber anderen Expert*innen überlassen sollte. Aber ich würde mit euch gerne einen kleinen Ausflug in unser „emotionales Nervensystem" machen, um zu sehen, was alles Einfluss auf unsere Emotionen haben kann, aber auch, wie sie in unserem Körper verarbeitet werden.

Was Emotionen mit Botenstoffen zu tun haben

„Ich hab die ganze Nacht über die Blut-Hirn-Schranke gelesen", antwortete mein Partner, als ich ihn einmal beim Frühstück gefragt hatte, wie seine Nacht war (er liest sich nachts oft durch Wikipedia). Zugegebenermaßen war ich damals nicht so sehr daran interessiert gewesen, mehr darüber zu erfahren. Hätte ich zu dem Zeitpunkt aber schon gewusst, welche Bedeutung die Blut-Hirn-Schranke als Filter für unser zentrales Nervensystem und damit auch unsere Emotionen hat, hätte ich vermutlich besser zugehört. Denn dieser Filter ist die Grenze zwischen unserem Blut und unserem Gehirn. Dadurch wird das Gehirn vor schädlichen Substanzen (Krankheitserreger oder Gifte) geschützt – wichtige Botenstoffe hingegen dürfen die Schranke passieren.

Es gibt viele unterschiedliche Botenstoffe und Hormone, die in unserem Hirnstamm oder der Hypophyse, unserer Hirnanhangdrüse, gebildet werden. Die meisten Substanzen wirken sowohl auf unser Gehirn als auch auf unseren Körper. Sie verursachen also nicht nur psychische und emotionale Reaktionen, sondern auch eine körperliche Resonanz. Einige dieser Stoffe können aber nicht im Gehirn selbst gebildet werden, es gibt sie dann quasi in anderen Körperbereichen in Auftrag, und sie landen dann in unserer Denkzentrale, da die Blut-Hirn-Schranke sie passieren lässt.

Botenstoffe können je nach ihrer Kombination starke Emotionen auslösen. Nicht umsonst wird das Serotonin auch „Glückshormon" genannt, das Oxytocin wird als „Bindungshormon" bezeichnet, und bei einem Adrenalinausstoß sprechen wir davon, etwas Überwältigendes erlebt zu haben. Kleiner Funfact: Als ich 2016 das erste Mal einen Vortrag auf einer Bühne gehalten habe, titelte ich ihn so: „Dopamin x Social Media = Oxytocin^2" Damals war mir noch nicht bewusst, dass ich mich einige Jahre später ausführlich mit Emotionen in der Arbeitswelt und ihrem enormen Potenzial für unsere berufliche und persönliche Entwicklung beschäftigen würde.

In meinem Vortrag beschrieb ich das Phänomen, dass positive Reaktionen auf Social Media unser körpereigenes neuronales Belohnungssystem, in dem das Hormon Dopamin eine große Rolle spielt, aktivieren können und wir dann Oxytocin ausschütten, was zu einer starken Bindung oder in manchen Fällen auch Abhängigkeit von Social Media führen kann (übertragen kann man das auf Sex, die Sehnsucht nach einem Schnitzel oder das Verlangen nach einem Glas Wein oder gar die Arbeit selbst). Besonders wissenschaftlich war das nicht, aber tatsächlich spielt unser Nervensystem eine wichtige Rolle, wenn wir von Botenstoffen durchflutet werden, wir empfinden Freude, Glück oder eben auch Trauer, entwickeln womöglich eine Sucht danach.

Oxytocin, das „Kuschelhormon", wird bei körperlicher Nähe ausgeschüttet, fördert das Vertrauen und ist somit ein Nährstoff für unsere sozialen Beziehungen. Es verursacht aber auch wichtige körperliche Reaktionen, beispielsweise löst es Wehen aus (*oxytokos* ist griechisch für „schnell gebärend"). Hormone rufen also nicht nur Emotionen, sondern auch körperliche Reaktionen hervor. Aber ebenso ist es umgekehrt: Körperliche Aktionen können unsere emotionalen Reaktionen direkt beeinflussen. Allein unsere Körperhaltung ist dazu fähig. In ihrem TED Talk beschreibt die Harvard-Sozialpsychologin Dr. Amy Cuddy ihre Forschungsergebnisse zum Einfluss unserer eigenen Körperhaltung auf unsere Emotionen. In ihrer Studie wurden die Probanden aufgefordert, hintereinander für jeweils eine Minute Low-Power-Posen und High-Power-Posen einzunehmen. Was erst einmal sehr nach kompliziertem Sportprogramm klingt, ist relativ simpel: High-Power-Posen sind raumeinnehmende Körperhaltungen – stehend, Arme in die Hüften gestemmt, den Kopf nach oben gerichtet, ein offener, klarer Blick, ein gerader Rücken. Low-Power-Posen sind genau das Gegenteil davon – sitzend, hängende Schultern, gesenkter Kopf.

Bei den Studienteilnehmenden wurden zwei Speichelproben entnommen – die erste vor den jeweiligen Posen und die zweite danach. Gemessen wurden zwei Werte: das Dominanzhormon Testosteron, das auch Frauen haben, und das Stresshormon Cortisol. Das Ergebnis: Die High-Power-Posen fühlten sich für die Probanden nicht nur kraft- und machtvoller an, sichtbar wurde das auch in angestiegenen Testosteron- und gesunkenen Cortisol-Werten. Bei den Low-Power-Posen war es nach der Übung genau umgekehrt: Die Teilnehmenden fühlten sich kraftloser, weniger selbstsicher – und in ihren Speichelproben wurde weniger Testosteron und mehr Cortisol als vor der Übung nachgewiesen.

Der Neurobiologe Andreas Ströhle von der Berliner Charité konnte 2010 in einer Studie nachweisen, dass schon nach dreißig Minuten auf dem Fahrrad Attacken bei Patient*innen mit Panikstörung um mehr als die Hälfte abnehmen. In den letzten Jahren bekommt körperliche Bewegung deshalb auch einen immer größeren Stellenwert in der Prävention und Behandlung von depressiven Phasen oder Depressionen und damit auch für unsere mentale Gesundheit. Die gute Nachricht für unsportliche Menschen wie mich: Selbst leichte körperliche Betätigung hat einen positiven Effekt auf unsere Emotionen. Und damit gibt es auch keine Ausrede für diejenigen, die behaupten, sie hätten keine Zeit für Sport. Es muss nicht das Fitnessstudio oder Ausdauersport sein. Auch ein kleiner Spaziergang oder zehn Minuten Yoga im Sitzen können helfen (ich nicke mir gerade selbst zu).

Bei Bewegung wird auch das Protein BDNF (Brainderived neurotrophic factor) im Gehirn freigesetzt, das dafür sorgt, dass neue Nervenzellen wachsen und miteinander verknüpft werden können. Und im Gehirn passiert natürlich noch viel mehr: Es steuert und koordiniert unsere Bewegungen, unseren Herzschlag, unsere Atmung – und es spielt eine entscheidende Rolle dabei, wie wir Emotionen verarbeiten. Besonders wichtig dafür ist das limbische System, unser uraltes innerbetriebliches Lebensrettungssystem, das sich aus mehreren Gehirnbereichen zusammensetzt: der Hypothalamus, der nicht nur emotionale Reaktionen steuert, sondern auch an sexuellen Reaktionen, der Hormonausschüttung und der Regulierung der Körpertemperatur beteiligt ist. Der Hippocampus, der dabei hilft,

Erinnerungen zu speichern und abzurufen. Die Amygdala, die uns unterstützt, emotionale Reaktionen zu koordinieren, und eine große Rolle bei Angst und Wut spielt. Und der limbische Cortex, der Stimmung, Motivation und Urteilsvermögen beeinflussen kann.

Aus evolutionärer Sicht ist Angst eine extrem wichtige Emotion, denn in bedrohlichen Situationen, die uns schaden könnten, unterstützt sie uns dabei, richtig zu reagieren. Ausgelöst wird das durch die Stimulation der Amygdala, die im Hypothalamus den Kampf-oder-Flucht-Modus aktiviert, also die schnelle Entscheidung, ob wir in Konfrontation gehen oder lieber flüchten sollten. Der Hypothalamus sendet dann Signale an die Nebennieren, um Hormone wie Adrenalin und Cortisol zu produzieren. Gelangen diese in den Blutkreislauf, können sie Herzschlag, Atemfrequenz oder Blutzucker erhöhen und machen uns somit wacher und konzentrierter.

Ähnlich wie die Angst ist auch die Wut ursprünglich eine Reaktion auf mögliche Bedrohungen oder Stressfaktoren in unserer Umgebung. Bei Wut stimuliert die Amygdala ebenfalls den Hypothalamus. Teile unseres Gehirns können zur Regulierung einer Wutreaktion beitragen. Dieser Hirnbereich im präfrontalen Cortex ist aber auch verantwortlich für höhere kognitive Prozesse, in die unsere Emotionen einbezogen sind, und besitzt eine große Bedeutung für die jeweilige Persönlichkeitsstruktur.

Glück bezieht sich auf einen allgemeinen Zustand des Wohlbefindens oder der Zufriedenheit. Bildgebende Studien zeigen, dass die Glücksreaktion zum Teil im limbischen

Cortex entsteht. Ein anderer Bereich, der Precuneus, spielt dabei ebenfalls eine Rolle. Der Precuneus ist unter anderem beim Abrufen von Erinnerungen, bei der Fähigkeit zur Selbstwahrnehmung, der Reflexion und an der Aufrechterhaltung unseres Selbstwertgefühls beteiligt.

Und das Gefühl von Verliebtsein ist tatsächlich mit einer Stressreaktion verbunden, die durch den Hypothalamus ausgelöst wird. Oft sind wir in solchen Situationen nervös, aufgeregt, angespannt – also eigentlich nichts anderes als gestresst. Später kann der Hypothalamus aber Hormone wie Dopamin und Oxytocin ausschütten. Ihr erinnert euch an den Titel meines ersten Vortrags?

Ganz offensichtlich ist unser Gehirn ein sehr komplexes Organ und noch lange nicht komplett erforscht – MRT, als bildgebendes Verfahren für unsere Gehirnaktivitäten, gibt es schließlich erst seit den Achtzigerjahren. Die Wissenschaft ist sich aber nach aktuellem Stand einig, dass das limbische System in unserem Gehirn besonders wichtig für Emotionen ist.

Was „hangry" mit dem Bauchgefühl zu tun hat

Wie unser Körper unsere Emotionen wiederum beeinflussen kann, zeigt auch das Phänomen „hangry". Die Wortkombination aus „hungry" und „angry", also hungrig und wütend, beschreibt, dass wir häufig zu Wutausbrüchen neigen, wenn wir hungrig sind. Die Forscherinnen Jennifer K. MacCormack and Kristen A. Lindquist von der University of North

Carolina haben sich das genauer angeschaut und festgestellt: Hunger allein macht uns nicht automatisch wütend.

Im Journal Emotion der American Psychological Association beschreiben sie die Studie und ihre Ergebnisse: In einem Experiment teilten sie 200 Menschen in zwei Gruppen auf, von denen nur eine normal essen durfte, während die andere Gruppe im Vorfeld fasten musste. Einige Proband*innen wurden zu Beginn des Experiments gebeten, über ihre Gefühle zu schreiben, im Anschluss mussten alle Teilnehmenden einen Fragebogen an einem Computer ausfüllen, der, ohne dass sie es wussten, so programmiert war, dass er immer abstürzte, kurz bevor sie ihn absenden konnten. Einer der Forscher kam dann in den Raum und gab ihnen die Schuld am Absturz des Computers. Na klar, der Fehler sitzt schließlich immer vor dem Bildschirm.

Die Teilnehmenden wurden dann zum Abschluss des Experiments gebeten, schriftliches Feedback zur Qualität des Experiments und den Verantwortlichen zu geben. Die Ergebnisse zeigten, dass die hungrigen Personen öfter negatives Feedback gaben, gestresster und wütender waren als der Teil der Gruppe, der zu Beginn des Experiments über die eigenen Gefühle geschrieben hatte. Daraus lässt sich also schließen: Menschen, die sich Zeit dafür nehmen, ihre Gefühle bewusst wahrzunehmen, neigen weniger dazu, „hangry" zu werden, als andere, die sich mit ihren Emotionen nicht bewusst auseinandersetzen.

Ich weiß von mir mittlerweile, dass mein „Hangry"-Risiko ziemlich groß ist. Tatsächlich versuche ich vor wichtigen Terminen oder Gesprächen darauf zu achten, etwas gegessen zu haben – aber mir auch Zeit einzubauen, um einmal durchzuatmen, bewusst einen Moment für mich zu haben, mich auf meine Gefühle zu konzentrieren und zu reflektieren, woher meine jeweilige Emotion in diesem Moment kommt.

Und ich kenne das „Hangry"-Phänomen auch von der anderen Seite: Vor einigen Jahren hatte ich einen Chef, mit dem ich oft hitzig, aber immer wertschätzend diskutieren konnte. Bis zu einem Tag, als ich ein Meeting mit ihm hatte und er aus meiner Sicht plötzlich so unfair und wertend wurde, dass sich mir danach im wahrsten Sinne des Wortes der Magen umdrehte.

Ein Programm, das wir implementieren wollten, hatte immer wieder Ausfälle und konnte so nicht genutzt werden. Ein technischer Fehler, für den er mir plötzlich die alleinige Schuld gab. Ich war schockiert über unser Gespräch, habe es persönlich genommen und sogar infrage gestellt, ob ich weiterhin für ihn arbeiten möchte. Als ich am nächsten Morgen ins Büro kam, nahm er mich zur Seite und meinte sichtlich betroffen: „Lena, ich war gestern absolut unfair zu dir, und das tut mir sehr leid. Ich hatte vor unserem Meeting zwei kurzfristige, ungeplante Termine und konnte deshalb weder frühstücken noch zu Mittag essen."

Ich musste vor Erleichterung lachen – vor allem auch, weil ich dieses Gefühl nur allzu gut kannte. Und ich war sehr dankbar für seine Ehrlichkeit und die Selbstreflexion.

Was Mikrobiome mit unserem Bauchgefühl zu tun haben

Ob in den Texten von Aristoteles, Sigmund Freud oder den Forschenden der Neuzeit – überall findet sich die Theorie, dass bestimmte Emotionen Reflexe sind – Artefakte der Evolution, die in einem Bereich jenseits des Rationalen existieren. Es wird angenommen, dass Emotionen quasi vorprogrammiert sind und automatisch in bestimmten Regionen des Gehirns entstehen. Sobald Neuronen ausgelöst werden, erzeugen sie körperliche Reaktionen. Aber unsere emotionalen Reaktionen auf unterschiedliche Situationen werden auch durch unser Sozialleben und unsere Kultur geprägt. Wie das aussehen kann, erklärt Lisa Feldman Barrett, Neurowissenschaftlerin an der Bostener Northeastern University, in ihrem Buch *How Emotions Are Made*. Sie beschreibt darin, dass Emotionen einerseits spontan entstehen können, aber auch auf individuellen Erfahrungen und Erinnerungen beruhen können, und nutzt für Letzteres den Begriff „konstruierte Emotionen". Habe ich beim Schreiben gerade Angst, weil es wirklich eine Bedrohung gibt? Oder habe ich Angst, weil ich „gelernt" habe, Angst zu haben, wenn ich über ein Thema schreibe, das ich nicht studiert habe? Unsere Emotionen sind nicht alle angeboren oder festgelegt, sondern entstehen auch aus unseren eigenen Erfahrungen und unserer sozialen und kulturellen Prägung.

Wir alle kennen das berühmte „Bauchgefühl" in bestimmten Situationen, kennen „Schmetterlinge im Bauch", wenn wir verliebt sind, wenn uns eine Emotion „auf den Magen schlägt" oder wir ein Gefühl erst einmal „verdauen" müssen. Nicht nur die Sprache, sondern auch die Wissenschaft beschäftigt sich intensiv mit der Frage, welchen Einfluss unser Darm auf unsere psychische Gesundheit und unsere Emotionen hat. Allein in den letzten fünf Jahren wurden mehr als 5000 Studien zum Mikrobiom veröffentlicht, den Mikroorganismen, die in unserem Körper leben. Die meisten dieser Bakterien befinden sich in unserem Darm – zusammen mit etwa hundert Millionen Nervenzellen. Dort regeln sie die Verdauung und produzieren lebenswichtige Vitamine sowie Botenstoffe oder deren Vorstufen, die wiederum unsere Stimmung beeinflussen können. Der Großteil des Glückshormons Serotonin wird zum Beispiel in unserem Darm hergestellt.

Das Mikrobiom in unserem Darm spielt auch eine große Rolle für unser Immunsystem und steht in ständigem Austausch mit dem Gehirn. So kann es tatsächlich einen Einfluss darauf haben, wie wir fühlen, denken und handeln. Deshalb wird das Mikrobiom umgangssprachlich auch oft „Bauchhirn" genannt. Viele der Studien zum Mikrobiom zeigen, dass es eine große Rolle für unsere emotionale Gesundheit und das allgemeine psychische Wohlbefinden spielt und sogar eine Wirkung darauf haben kann, wie anfällig ein Mensch für psychische Erkrankungen wie Depressionen oder Angststörungen ist. Die Untersuchungen machen aber auch deutlich: Wir können unser Mikrobiom selbst positiv beeinflussen, denn die Zusammensetzung der Mikroorganismen hängt von Faktoren wie Stress und unserer Ernährung ab.

Ändert sich die Zusammensetzung des Mikrobioms, ändert sich die Kommunikation zwischen unserem Darm und unserem Gehirn. Erst seit wenigen Jahren wird die direkte Verbindung zwischen unserem Gehirn und unserem Magen-Darm-Trakt – die sogenannte Darm-Hirn-Achse – auch wissenschaftlich intensiv untersucht. Durch den Vagusnerv sind beide direkt miteinander verbunden und können Informationen austauschen.

Habt ihr schon mal vom Vagusnerv gehört? Ich erst zufällig mit Anfang dreißig, und ich bin fast ein bisschen schockiert, dass das erst so spät der Fall war. Er spielt nämlich eine große Rolle für unsere körperliche Fähigkeit, Emotionen zu regulieren. Der Vagusnerv ist der längste unserer zwölf Hirnnerven und eine Art regulierende Schaltzentrale zwischen dem Gehirn und den Organen. Wir können unser Nervensystem in zwei Bereiche einteilen, zum einen in das somatische Nervensystem und zum anderen in das vegetative Nervensystem. Das somatische Nervensystem hilft uns bei der bewussten Wahrnehmung über die Sinnesorgane und einer bewussten Steuerung der Muskeln. Das vegetative Nervensystem wird auch als autonomes Nervensystem bezeichnet, weil es für Abläufe zuständig ist, die unbewusst und automatisch gesteuert werden wie Herzschlag, Verdauung oder der Stoffwechsel.

In unserem vegetativen Nervensystem gibt es verschiedene Komponenten, unter anderem die zwei wichtigen Leitungsbahnen, den Sympathikus und den Parasympathikus. Umgangssprachlich wird der Sympathikus auch als Stress- und Leistungsnerv und der Parasympathikus als Ruhe- und

Entspannungsnerv bezeichnet. Als Teil des Parasympathikus ist der Vagusnerv an der Funktion fast jedes inneren Organs beteiligt und gilt deshalb als der wichtigste unserer Hirnnerven. Er hat eine ausgleichende Wirkung auf viele unserer Körperfunktionen und beeinflusst auch unser emotionales Befinden.

Forschungen zeigen, dass es möglich ist, über diesen Hirnnerv die Selbstheilungskräfte unseres Körpers anzuregen, Entspannung zu fördern und Emotionen zu regulieren. Wie wichtig der Vagusnerv ist, um präventiv Reserven gegen Stress aufzubauen, und wie stark er die Erholung fördert, ist tatsächlich lange unterschätzt worden. Für unsere Entspannung scheint die Aktivierung des Vagusnervs ein besonderes Potenzial zu haben. Das funktioniert zum Beispiel durch tiefes Durchatmen, wie die meisten von uns es wahrscheinlich schon ganz intuitiv als Gegenreaktion tun, wenn unser Stresslevel steigt und wir durch die Anspannung kurzatmig werden. Der Vagusnerv wirkt als Gegengewicht zum Fight-or-Flight-Modus und kann unserem Körper dabei helfen zu entspannen. Unser Körper kann unsere Emotionen also direkt beeinflussen – und wir können unserem Körper dabei helfen.

Wie wir Negativitätsverzerrung erleben

Aber auch wie unser Gehirn mit Emotionen umgeht, können wir zu großen Teilen lenken. Grundsätzlich haben wir von Natur aus einen „Negativity Bias", das heißt, negative Situationen und Erfahrungen werden in unserem Gehirn bevorzugt verarbeitet und auch stärker abgespeichert. Ein positives Ereignis hat also im Allgemeinen leider weniger Einfluss auf unser Verhalten und Denken als etwas Negatives. Die Forschung legt nahe, dass dieses Phänomen evolutionär bedingt ist. In der Steinzeit war es schließlich überlebenswichtig, dass wir uns besonders gut an gefährliche Orte, aggressive Feinde, bedrohliche Tiere oder giftige Pflanzen erinnern. Was früher existenziell für unsere Überlebensfähigkeit war, ist aber heute leider wenig hilfreich für unsere emotionale Gesundheit.

Diese Negativitätsverzerrung bedeutet nämlich, dass wir uns gedanklich und in unserer Erinnerung mehr auf Probleme, Ärger, Bedrohungen und Ängste fokussieren und uns auf der anderen Seite das bewusste Wahrnehmen und Erinnern an Glück, Freude, Leichtigkeit oder Dankbarkeit schwerer fällt. Die Meinungsverschiedenheit im Meeting bleibt uns also viel deutlicher im Kopf als das positive Feedback einer Kollegin. Ein Projekt, das nicht den geplanten Erfolg hatte, behält viel mehr Raum in unserem Kopf als die Strategie, die alle Erwartungen übertroffen hat. Unsere Erinnerung an Probleme im Job ist klarer als an die Tage, an denen alles gut lief. Wir nehmen stärker wahr, was wir noch nicht erreicht haben, weniger das, was wir schon geschafft haben. Und tatsächlich beeinflusst der Negativity Bias nicht nur unsere Erinnerung, sondern auch unsere Zukunft: Wenn es um wichtige Entscheidungen geht, konzentrieren wir uns eher darauf, was alles schiefgehen könnte, als darauf, was alles gut werden könnte.

Dabei ist es heute eher die Ausnahme, dass wir – anders als in der Steinzeit – bei der Arbeit einer Lebensgefahr ausgesetzt sind oder eine negative Erfahrung im Job existenz-bedrohend ist. Und trotzdem fühlt es sich oft so an, dem Negativity Bias sei Dank.

Doch wie auch andere bewusste oder unbewusste Vorurteile können wir den Negativity Bias zu einem gewissen Teil „verlernen". Hier ist es aber wichtig, uns nicht für negative Gedanken oder Erinnerungen zu verurteilen, sondern diese Negativitätsverzerrung erst einmal bewusst wahrzunehmen, um dann zu versuchen, einen positiven Ausgleich, eine Erinnerung an eine schöne Situation zu finden.

Unser Körper kann unsere Emotionen direkt beeinflussen und unsere Emotionen unseren Körper. Unser Kopf beeinflusst unser „Bauchgefühl" und umgekehrt. Wenn euch das nächste Mal eine Person also erzählt, sie sei ein Kopf- oder Bauchmensch, könnt ihr freundlich widersprechen, vom Vagusnerv oder dem Parasympathikus erzählen – oder einfach tief durchatmen.

An dieser Stelle ist mir ein Hinweis besonders wichtig: Wenn ihr glaubt, dass ihr eine psychische Krankheit oder eine depressive Phase haben könntet, dann lasst das bitte medizinisch abklären. Und davon abgesehen sind regelmäßige Vorsorgeuntersuchungen wichtig – auch für unsere emotionale Gesundheit.

Vagusnerv-Aktivierung

Wir alle sind ganz unterschiedlich – aber wir alle haben Kopf *und* Bauch. Hier sind ein paar einfache Möglichkeiten, den Vagusnerv zu aktivieren, um das Kopf- und Bauchgefühl besser miteinander zu verbinden, um zu entspannen und Stress zu regulieren – aber auch, um leistungsfähiger und konzentrierter zu sein:

Box-Breathing:

Diese Technik, bei der langsame, tiefe Atemzüge genommen werden, wird bei den US Navy SEALs, aber auch in der medizinischen Ausbildung trainiert, um in Belastungssituationen die Ruhe zu bewahren. Sie ist auch als Vier-Quadrat-Atmung bekannt, jede Seite der vier Quadrate steht für eine Sekunde:

1. Tief in den Bauch einatmen (4 Sekunden)
2. Luft anhalten (4 Sekunden)
3. Ausatmen (4 Sekunden)
4. Luft anhalten (4 Sekunden)

Kältereize setzen:

Keine Sorge, als passionierte Warmduscherin werde ich hier keine kalte Dusche empfehlen (für die, die das gerne tun: Gratulation, damit aktiviert ihr euren Vagusnerv!). Aber auch kleine Kältereize wie kaltes Wasser im Gesicht oder an den Handgelenken können den Vagusnerv aktivieren.

Gurgeln, Singen, Summen:

Vielleicht nicht unbedingt mit dem Getränk am Schreibtisch, dafür aber zum Beispiel morgens und abends beim Zähneputzen – die Vibration beim lauten Gurgeln stimuliert den Vagusnerv und kann uns entspannen. Auch Singen oder Summen hat den gleichen Effekt und kann uns helfen, Stress zu regulieren. Bitte aber darauf achten, dass unser eigenes Singen keinen Stress bei Zuhörenden auslöst ;)

3

Warum vermeintlich negative Emotionen wichtig sind

Nicht nur unser Körper hat einen Einfluss auf unsere Emotionen und darauf, wie wir sie wahrnehmen, sondern auch unsere Sozialisierung, also wie wir aufwachsen, wie wir leben und welchen Umgang mit Emotionen wir gelernt haben. Interessant ist, dass verschiedene Emotionen als gut oder schlecht einsortiert werden. Und natürlich bin ich selbst auch so aufgewachsen: Glücklich und fröhlich zu sein wurde gefördert, wütend oder traurig zu sein eher bestraft. „Sei lieb, zeig mal, wie du lachen kannst! Hör auf zu weinen! Schrei nicht so rum!" Kindern wird anerzogen, mitfühlend mit anderen zu sein – aber nicht mit sich selbst.

Man könnte denken, es gibt eine Art Ranking: Gefühle, die erstrebenswert sind und Anerkennung verdienen, und Gefühle, die um jeden Preis zu vermeiden sind, oder bestenfalls ignoriert werden sollten. Die meisten von uns betrachten ihre Emotionen als ausgeprägte und manchmal überwältigende Empfindungen, die es entweder auszuleben oder zu unterdrücken gilt. Aber das funktioniert nicht. Wenn wir versuchen, bestimmte Gefühle zu unterdrücken, unterdrücken wir alle. Erkennen wir bestimmte Emotionen nicht an, werden sie um Anerkennung kämpfen. Und nehmen wir einige Emotionen nicht wahr, übersehen wir vielleicht ein sehr wichtiges Signal. Gefühle werden von uns, unserem Verstand und der Gesellschaft gesteuert – und sollen eine Realität spiegeln, die weitaus nuancierter und komplexer ist als „gut" oder „schlecht".

Wie schwer ist es eigentlich, seine Gefühle zu kontrollieren? Die einhellige Meinung ist, dass man es zwar versuchen kann, aber nicht schaffen wird. Und trotzdem wäre es wenig zuträglich, wenn wir alle unsere Emotionen unkontrolliert ausleben. Wie wir schon gesehen haben, geht es darum, unsere Emotionen bewusst wahrzunehmen, zu verstehen, zu reflektieren und zu nutzen – auch und vor allem unsere vermeintlich negativen Gefühle.

Das mag widersprüchlich klingen, aber ich erinnere mich gerne an eine bestimmte Phase in meinem Leben zurück – nicht weil sie so toll war oder ich stolz darauf bin, sondern weil ich in dieser Zeit viel über mich selbst gelernt habe.

Was Raum für Emotionen ausmacht

Solange ich zurückdenken kann, war es mein Traum gewesen, Kindergärtnerin zu sein und früh selbst Mutter zu werden. Wenn ich zurückspule auf Anfang Dezember 2010, so schien mein Leben absolut perfekt zu sein: Ich war fünfundzwanzig, Kinderpflegerin, verheiratet, hatte zwei kleine Kinder, war glücklich mit meiner Familie, engagiert im Elternbeirat, beliebt im Freundinnenkreis. Und nur ein paar Wochen später sah alles ganz anders aus. Mein damaliger Mann hatte entschieden, sich zu trennen, weil er – früher als ich – realisiert hatte, dass unser vermeintliches Bilderbuchleben vor allem auf konstruierten Emotionen und wenig auf unseren eigenen, wirklichen Gefühlen beruhte. Seine Entscheidung hat mich vollkommen unerwartet getroffen und völlig aus der Bahn geworfen. Alles, von dem ich dachte, dass es mich glücklich macht, stand plötzlich infrage. Ich hatte meine perfekte Familie nicht mehr, ich war alleinerziehend, ich wusste nicht, ob ich weiterhin in meinem Traumberuf arbeiten kann. Ich wusste nicht mehr, wer ich bin, und ich habe zudem plötzlich Dinge gefühlt, die mich absolut überforderten: Hass, Angst, Panik, Wut, Verzweiflung, Sorge, Rache, Eifersucht, Einsamkeit – all das und noch viel mehr.

Rückblickend haben mich genau diese Gefühle am meisten aus der Bahn geworfen, weil ich sie von mir kaum kannte – und vor allem, weil ich sie als negativ wahrgenommen hatte. Und genau das wollte ich nicht sein: negativ. „Ich bin doch ein positiver Mensch. Ich bin doch Optimistin!" So gut erinnere ich mich an diese Gedanken, die ich damals jedes Mal hatte, wenn ich in den Spiegel schaute und mich vor lauter „negativer" Emotionen nicht wiedererkannte. Ich versuchte diese Emotionen zu unterdrücken und zu kontrollieren, weil ich so nicht sein wollte. Aber ihr ahnt es sicher schon: Das war wenig erfolgreich. Im Gegenteil, wenn ich es an einem Tag schaffte, „gute Laune" zu spielen, war der nächste umso schlimmer.

Als ich feststellte, dass es so nicht weiterging, fasste ich einen Entschluss: „Bis zu meinem Geburtstag bekommen Hass, Angst, Panik, Wut, Verzweiflung, Sorge, Rache, Eifersucht, Einsamkeit und alle anderen so viel Platz wie sie brauchen." Das klingt vielleicht im ersten Moment naiv, aber ich bin davon überzeugt, dass ich mir damit selbst geholfen habe, wieder zu mir zu finden, anstatt gegen mich selbst zu kämpfen. Ich gab meinen vermeintlich negativen Emotionen einen Raum, anstatt sie zu verdrängen. Ich räumte diesen Gefühlen, die in der Situation so berechtigt und richtig waren, den Platz ein, den sie verdient hatten. Ich umarmte sie auf meine Art und Weise, anstatt sie wegzusperren. Und ich schenkte mir und meinen Emotionen genau die Liebe, die mir damals so sehr gefehlt hatte.

Wie Wut uns Kraft geben kann

Besonders intensiv fühlte ich zu dieser Zeit Wut. Fast überwältigend und grenzenlos war sie. Sie war so mächtig, dass ich manchmal gar nicht mehr denken konnte. Wut ist eine Emotion, die ich bis dahin versucht hatte, aus meinem Leben zu verdrängen. Zu eng stand sie für mich mit Aggression in Verbindung und damit mit der Angst, so zu werden wie mein Vater. Aber Wut gehört zu uns – und je mehr wir sie verdrängen, desto größer wird die Aggression. Ich habe meiner Wut, diesem unermesslichen, unglaublich starken Gefühl, damals ganz bewusst einen Raum gegeben. Weil sie ein Recht hatte, da zu sein. Ich hatte meinen Traum verloren. Meine Wut war mehr als berechtigt.

Selten verspürte ich so eine Kraft. Eine Kraft, die mir erst Angst gemacht hatte, aber der ich – nachdem ich ihr Raum geben konnte – mit ganz viel Neugier begegnete. Ich fand es irgendwann spannend, wie viel Kraft da in mir steckte. Genau das ist Wut: eine unglaublich starke Kraft. Eine Kraft, die uns überwältigen kann, wenn wir versuchen, sie zu verdrängen. Aber auch eine Kraft, die uns dabei helfen kann, über uns hinauszuwachsen. Vielleicht ein bisschen wie Hulk.

Meine Wut gab mir damals die Stärke, mich beruflich komplett neu zu orientieren. Ich verstand, dass Angst nichts Schlimmes ist. Mein Trotz und mein Stolz sorgten dafür, dass ich Mut entwickelte. Und während ich all den Gefühlen, die ich eigentlich nie haben wollte, erlaubte, existent zu sein, während ich sie interessiert betrachtete, anstatt wegzuschauen, während ich nicht darauf achtete, was sie mir nahmen, sondern was sie mir vielleicht geben könnten – kam plötzlich mein Optimismus wieder. Und so habe ich ein paar Wochen nach meinem Geburtstag und ein paar Monate nach der Trennung einen Neustart gewagt. Privat, aber vor allem beruflich. Der Grundstein für meinen Quereinstieg war gelegt, und fünf Jahre später titelte ein großes Magazin „Von der Kinderpflegerin zur Head of Digital Channels bei Microsoft". Rückblickend kommt mir vieles surreal vor, wie aus einem anderen Leben. Und das war es auch: ein anderes Leben. Das Leben vor der Trennung. Aber vor allem das Leben vor dem Mitgefühl mit mir selbst.

Das, was ich damals erlebte, ist auch wissenschaftlich

belegt. Die US-amerikanischen Psycholog*innen David A. Sbarra, Hillary L. Smith und Matthias R. Mehl konnten in einer Studie nachweisen, dass sich Menschen, die mehr Mitgefühl mit sich selbst haben, schneller von einer Trennung oder Scheidung erholen: Zu Beginn der Untersuchung wurden die Proband*innen gebeten, einen Fragebogen auszufüllen, in dem es über ihre zurückliegende Trennung ging. Die Wissenschaftler*innen bewerteten, inwieweit die Studienteilnehmer*innen in ihren Aufzeichnungen Selbstmitgefühl zeigten. Ein höheres Maß an Selbstmitgefühl bei dieser ersten Befragung stand in direkter Verbindung mit einer geringeren trennungsbedingten emotionalen Belastung – und dieser Effekt konnte auch neun Monate später noch nachgewiesen werden. Und unsere „negativen" Emotionen wahrzunehmen und auszudrücken kann uns sogar dabei helfen, bestehende Beziehungen zu stärken.

In dem 2003 erschienenen Fachartikel „The Social Consequences of Expressive Suppression" präsentierten Forschende verschiedener Universitäten in den USA, Österreich und Deutschland ihre Ergebnisse aus zwei Studien zur Unterdrückung „negativer" Gefühle. Sie hatten herausgefunden, dass sich das Supprimieren negativ auf den Blutdruck sowie hemmend auf die Beziehungsbildung auswirkt. Dazu hatten sie wahllos Paare gebildet, die miteinander diskutieren sollten, nachdem sie sich einen Dokumentarfilm über die Atombombenabwürfe auf Hiroshima und Nagasaki angesehen hatten. Die Proband*innen wurden entweder angewiesen, ihr emotionales Verhalten zu unterdrücken, natürlich zu reagieren oder kognitiv aufzuarbeiten. Dabei stellten die

Forschenden fest, dass bei den Teilnehmenden, die ihre Gefühle unterdrücken mussten, der Blutdruck erhöht war und die Beziehungsbildung der Paare, die sich vorher nicht gekannt hatten, gehemmt wurde.

2012 wurde in einer Untersuchung an der Universität Jena sogar festgestellt, dass es einen Zusammenhang zwischen dem Verdrängen von „negativen" Gefühlen und dem Auftreten von Krebs, Herz-Kreislauf-Erkrankungen, Asthma und Diabetes gibt. „Represser", wie Menschen, die ihre Gefühle unterdrücken, in der Studie genannt wurden, zeigten starke körperliche Reaktionen, so schwitzten sie oder hatten einen beschleunigten Puls, wenn sie Stress ausgesetzt waren. Im Vergleich zu Menschen, die ihre Emotionen bewusst wahrnahmen, waren die körperlichen Stressreaktionen deutlich stärker.

Gerade unsere körperlichen Reaktionen bei „negativen" Emotionen können uns aber auch demonstrieren, wie wichtig diese Gefühle sind. Haben wir Angst, sind wir besonders aufmerksam und vorsichtig, unsere Sinne sind geschärft, wir sind fokussiert und konzentriert – und genau das kann in manchen Situationen überlebenswichtig sein. Aber auch hier sollten wir wieder überlegen, wann diese Reaktion notwendig ist und wann es vielleicht zu einer Überreaktion kommt. Ich hatte zum Beispiel schon Phasen, in denen ich Angst vor E-Mails hatte, beim Ton einer neuen Benachrichtigung Herzrasen einsetzte oder ich Schweißausbrüche vor Meetings hatte. Natürlich ging es hier nie ums Überleben, aber es hatte sich zeitweise so angefühlt – und genau in solchen Situationen ist es entscheidend, diese Gefühle nicht zu verdrängen, sondern bewusst wahrzunehmen, zu verstehen, woher sie stammen, und daraus zu lernen.

„Negative" Emotionen zu reflektieren kann so spannend sein! Ich bin zum Beispiel sehr oft neidisch. Neid ist ja eigentlich etwas, das vor allem im beruflichen Kontext als negativ angesehen wird – und versteht mich nicht falsch, das kann es auch sein. Aber auch hier kommt es wieder darauf an, wie wir diese Emotion überdenken. Früher versuchte ich möglichst schnell meinen wahrgenommenen Neid zu unterdrücken oder zu ignorieren. Hat natürlich nicht geklappt. Aber als ich anfing, meinen Neid mit Neugier zu betrachten, bemerkte ich, wie viele faszinierende Informationen darin steckten! Inzwischen weiß ich: Wenn ich neidisch auf eine Person bin, hat diese meist etwas erreicht, eine Fähigkeit, einen Status, den ich (noch) nicht habe. Und je stärker der Neid ist, desto stärker kann mein Antrieb sein, genau das zu erreichen. Und seitdem fokussiere ich mich bei Neid nicht mehr auf die jeweilige Person, sondern auf mich und meinen Antrieb. Und wenn ich manchmal merke, dass eine Person auf mich neidisch ist, versuche ich das als Kompliment zu sehen.

Wie sich Mitgefühl von toxischer Positivität unterscheidet

Immer wieder bin ich erstaunt, wie erschrocken Menschen reagieren, wenn ich meine Gefühle klar ausspreche: „Ich bin richtig neidisch!", oder: „Das macht mich so wütend", oder meine „negativen" Emotionen zeige, zum Beispiel Tränen in den Augen habe. Ganz anders ist es mit vermeintlich „positiven" Emotionen. Vor einem virtuellen Workshop, den ich für die Führungskräfte eines Unternehmens gehalten habe, forderte die Managerin die Teilnehmenden auf, in den Chat zu schreiben, wie sie sich fühlen. Die Antworten waren fast ausnahmslos „positiv": energiegeladen, motiviert, neugierig ... Klingt super, oder? Aber wie groß ist die Wahrscheinlichkeit, dass Antworten wie diese das Gefühlsleben eines ganzen Teams widerspiegeln? Sie deuten eher darauf hin, was Susan David die „Tyrannei der Positivität" oder „toxische Positivität" nennt, die vor allem in der Arbeitswelt, aber auch in weiten Teilen unserer Gesellschaft vorherrscht.

Susan David ist eine der weltweit führenden Management-Vordenkerinnen und Psychologin an der Harvard Medical School. In ihrem Buch *Emotional Agility* beschreibt sie die psychologischen Fähigkeiten, die für unsere Persönlichkeitsentwicklung in Zeiten von Komplexität und ständiger Veränderung entscheidend sind. Die Wissenschaftlerin hinterfragt unsere Sozialisierung, die Einteilung in vermeintlich positive und negative Gefühle und untersucht, wie die Art und Weise, wie wir mit unseren Emotionen umgehen, unser Leben prägt: unser Handeln, unsere Karriere, unsere Beziehungen, unsere Gesundheit und unser Glück. Susan Davids TED Talk „The Gift and Power of Emotional Courage" wurde von mehr als zehn Millionen Menschen gesehen.

Jeder kennt diese Tage, an denen es sich anfühlt, als würden wir in einem überdimensionalen Bild mit vorgesetztem Filter und superklugem „Think positive"-Zitat leben. Die vorherrschende Botschaft in unserer Gesellschaft ist: Mach dir keine Sorgen. Es wird alles gut. Strebe einfach nach dem Glück. Susan David hinterfragt diese Botschaften kritisch und macht sich Gedanken darüber, wie sie uns und unsere Kinder prägen. Sie selbst erfuhr zum ersten Mal, wie schädlich die erzwungene Positivität ist, als sie sechzehn war und bei ihrem Vater Krebs diagnostiziert wurde. Freund*innen und Verwandte kamen, um die Familie zu trösten, und die vorherrschende Meinung war, dass es ihm besser gehen würde, wenn die Familie nur daran glaubte. Im Nachhinein erkannte David, wie schädlich das für sie war, weil es ihr die Möglichkeit genommen hatte, die Realität anzunehmen und sich zu verabschieden. Stattdessen wurde sie von ihrer Hoffnung auf Heilung abgelenkt.

Glück ist zu einer Erwartung geworden, aber David weist darauf hin, dass die Schönheit des Lebens untrennbar mit seiner Zerbrechlichkeit verbunden ist. Der Mensch muss die Fähigkeit entwickeln, mit schwierigen Emotionen umzugehen, und er darf sie nicht als Störung im reibungslosen Ablauf des ständigen Strebens nach Glück und Positivität beiseiteschieben. Herzschmerz und Trauer sind keine Zeichen von Schwäche, und so zu tun, als gäbe es diese „negativen" Gefühle nicht, stört nicht nur unsere Authentizität und Lebenserfahrung. Es senkt auch unsere Widerstandsfähigkeit, unsere Resilienz gegenüber zukünftigen Schwierigkeiten. „Wenn Emotionen weggeschoben oder ignoriert werden, werden sie stärker", sagt Susan David in ihrem TED Talk. „Psychologen nennen dies Verstärkung. Wie der leckere Schokoladenkuchen im Kühlschrank: Je mehr man versucht, ihn zu ignorieren, desto stärker wird seine Wirkung auf einen."

Mehr als fünf Jahre nach ihrem TED Talk und nach mehr als zweieinhalb Jahren Pandemie scheint sich langsam, aber sicher etwas an dieser toxischen Positivität zu ändern. Höchste Zeit, denn dieses Unterdrücken von bestimmten Emotionen schadet sowohl Mitarbeitenden als auch Unternehmen. Inzwischen gibt es mehr und mehr Studien zu den Effekten von empathischer Führung, in einer Arbeitswelt, in der bisher Positivität verlangt wurde, entsteht langsam Raum für mehr Emotionen.

Eine Veränderung der Arbeitswelt, die allen Gefühlen Raum gibt, erfordert ein Umdenken von Führung. Es hat sich erwiesen, dass die jeweiligen Emotionen, die Führungskräfte zeigen, beeinflussen können, wie sie von Mitarbeitenden eingeschätzt werden. Wer sich in schwierigen Situationen wütend verhält, wurde in der Vergangenheit als einflussreicher angesehen als jemand, der traurig reagiert. Eine Studie der US-amerikanischen Management-Professoren Juan Madera und D. Brent Smith aus dem Jahr 2009 ergab jedoch, dass gezeigte Trauer zu besseren Beziehungen, höherer Loyalität und gesteigerter Leistungsbereitschaft ihrer Mitarbeitenden führt.

Ich bin selbst immer wieder überrascht, was es für einen Unterschied macht, ob und wie ich meine Emotionen ausdrücke. In den letzten Jahren hatte ich das Glück, mit vielen talentierten Menschen arbeiten zu dürfen – und trotzdem funktionierte nicht jedes Projekt so, wie ich es mir vorgestellt hatte. Wie die meisten von euch sicher wissen, liegt ein Misserfolg selten an einzelnen Menschen, sondern an ganz vielen unterschiedlichen Faktoren – oft auch an der Führungskraft selbst. Aber mindestens genauso wichtig wie das Analysieren der Faktoren eines Misserfolgs ist der Umgang mit dem damit verbundenen Gefühl. Klar zu sagen: „Ich bin traurig, dass das nicht geklappt hat, aber ich bin wahnsinnig dankbar für euren Einsatz", hat eine starke Macht. Denn das Teilen von Emotionen stärkt unsere Beziehung zueinander – und hilft so bestenfalls dabei, dass das Team in der Zukunft noch besser zusammenarbeiten kann.

In Gesprächen, die ich in den letzten Jahren mit Führungskräften geführt habe, kam immer wieder ein Einwand gegen diesen Ansatz: Wenn alle dazu ermutigt werden, Gefühle zu teilen, sind die dann überhaupt noch fähig, ihre Arbeit zu erledigen? Werden Meetings dann nicht überemotional? Die Chefredakteurin der deutschen Ausgabe des Frauenmagazin *Cosmopolitan*, Lara Gonschorowski, sagte in einem Gespräch zu mir: „Es muss nicht jede Emotion, wie etwa die Tränen wegen des toten Hamsters, am Arbeitsplatz geteilt werden. Der Job ist kein Ponyhof." Die Managementforschung zeigt aber: Unternehmenskulturen, die Mitarbeitenden den Raum geben, ihre Emotionen und Erfahrungen offen zu teilen – sowohl die „positiven" als auch die „negativen" –, sorgen für mehr Produktivität sowie eine höhere Mitarbeiterbindung. Dem stimmt auch Lara Gonschorowski zu: „Diese Offenheit ist wichtig, weil sie mir als Chefin die Möglichkeit gibt, empathisch zu reagieren."

Wichtig und gleichzeitig schwierig – besonders bei „negativen" Emotionen – ist das klare Benennen. In der Ausbildung zur Kinderpflegerin habe ich eine sehr gute Übung gelernt, um Kindern ein Bewusstsein zu „negativen" Emotionen zu vermitteln. Diese Übung sollten aber nicht nur Kinder machen.

Fast jeder kennt wohl das Märchen von Rumpelstilzchen: Ein Müller behauptet, seine Tochter könne Stroh zu Gold spinnen, und will sie an den König verheiraten. Der König stellt der Tochter die Aufgabe, über Nacht eine Kammer voll Stroh zu Gold zu spinnen. Die Müllerstochter ist verzweifelt, bis ein kleines Männchen auftaucht, das ihr im Tausch gegen ihren Schmuck das Stroh zu Gold spinnt. Als der König das Gold sieht, verspricht er der Müllerstochter die Ehe, falls sie noch einmal eine Kammer voll Stroh zu Gold spinnen kann. Diesmal verlangt das Männchen dafür ihr erstgeborenes Kind, worauf sie ebenfalls eingeht.

Nach der Geburt des Kindes fordert das Männchen den versprochenen Lohn. Die Müllerstochter bietet ihm alle Reichtümer des Reichs an, aber das Männchen verlangt ihr Kind – außer sie schaffe es, innerhalb von drei Nächten seinen Namen zu erraten. In der ersten Nacht probiert es die Königin mit allen Namen, die sie kennt, ohne Erfolg. In der zweiten Nacht versucht sie es mit Namen, die ihre Untertanen ihr genannt haben – wirkungslos. Am dritten Tag erfährt sie von einem Boten, dass ganz entfernt ein Männchen wohnt, das nachts um ein Feuer tanzt und singt: „Heute back ich, / Morgen brau ich, / Übermorgen hol ich der Königin ihr Kind; / Ach, wie gut ist, dass niemand weiß, / Dass ich Rumpelstilzchen heiß!" Als die Königin den Namen nennt, hat sie das Rätsel gelöst. Durch die richtige Benennung des Männchens verliert es seine Macht über sie.

Basierend auf dieser Geschichte sollten die Kinder viele

Namen für das Rumpelstilzchen in uns nennen. Welche Worte für Emotionen kennen wir, wie fühlt sich welche Empfindung genau an? Wie unterscheiden sie sich? Wann haben wir dieses Gefühl schon einmal gehabt? Die Kinder lernen dadurch, wie wichtig es ist, die richtigen Worte für Emotionen zu finden, damit sie die Macht über uns verlieren. Indem wir unsere Gefühle benennen, machen wir uns unsere Erfahrungen bewusst und verringern dadurch die Fähigkeit von verdrängten Emotionen, unsere Gedanken und unser Verhalten zu beeinflussen. Wie bei Rumpelstilzchen verhindert das Benennen einer Emotion impulsives Handeln. Das mag sich zunächst kontraintuitiv und allzu simpel anhören, aber es kann wirklich so einfach sein.

Ähnlich wichtig wie das Benennen der Emotion ist die Formulierung von Sätzen. In unserer Alltagspräche identifizieren wir uns oft direkt mit der Emotion: „Ich bin traurig." Oder: „Ich bin wütend." Fühle ich mich manchmal von Emotionen überwältigt und fällt es mir dadurch schwer, sie zu reflektieren, versuche ich mich daran zu erinnern: Ich *bin* nicht traurig, sondern ich *fühle* mich traurig. Das hilft mir, der Situation die Bedrohung zu nehmen und das Empfundene nicht als Allgemeinzustand, sondern als situative Emotion wahrzunehmen.

Es gibt keine negativen oder positiven Emotionen, denn alle haben eine Berechtigung und können wichtige Botschaften vermitteln. Das Unterdrücken von negativen Gefühlen kann krank machen, das Benennen und Reflektieren hingegen Resilienz steigern.

Rumpelstilzchen

Vermeintlich negative Emotionen können uns wie ein Rumpelstilzchen tyrannisieren, aber wir können ihnen die Übermacht nehmen, wenn wir sie klar benennen und ihnen ins Auge schauen – wie im Märchen „Rumpelstilzchen" der Gebrüder Grimm. Das Rumpelstilzchen will Aufmerksamkeit und beim Namen genannt werden.

Wenn ihr das nächste Mal bemerkt, dass eine Emotion die Macht an sich reißt, schaut sie aufmerksam an und versucht sie möglichst genau zu benennen.

Ist es Wut? Traurigkeit? Angst? Enttäuschung? (Hier kann das Rad der Emotionen aus Kapitel 1 hilfreich sein.)

Es ist unerlässlich, genau hinzuschauen und nicht das erste Wort zu nehmen, das euch in den Kopf kommt. Oft liegt unter der oberflächlich erkennbaren Emotion eine völlig andere. Ein Beispiel: Ich denke, ich bin wütend, weil mich eine Kollegin versetzt hat – eigentlich habe ich aber Angst vor einer Ablehnung. Das kann helfen, uns selbst und unsere Emotionen besser zu verstehen, aber auch eventuelle Muster zu erkennen. Und als Nebeneffekt gehen wir damit automatisch einen Schritt aus der Situation heraus.

Ihr könnt diese Übung auch rückwirkend machen: Erinnert euch an eine Situation, in der ihr euch emotional überfordert gefühlt habt:

Welche Emotion habe ich in diesem Moment wirklich gespürt? Was war es, das mich überfordert hat?

Oft lassen sich sogar innere Konflikte aus der Vergangenheit auflösen, wenn wir verstehen, was in diesem Moment passiert ist.

4

Warum Intelligenz mehr ist als ein IQ-Wert

Die Intelligenz von uns Menschen ist unglaublich vielschichtig. Mein Partner hat vor Kurzem zu mir gesagt: „Das menschliche Gehirn ist das komplexeste Organ – und das sagt uns das Gehirn über sich selbst." So absurd das für einen Moment erscheint, so wahr ist es.

Seit Jahrhunderten versuchen Forschende und Philosoph*innen unsere Intelligenz zu definieren. Der britische Naturwissenschaftler Sir Francis Galton (Funfact am Rande: übrigens der Cousin von Charles Darwin) und der französische Chirurg Paul Broca gehörten Mitte des 19. Jahrhunderts zu den Ersten, die sich um die konkrete Messung der menschlichen Intelligenz bemühten. Sie verfolgten verschiedene Ansätze, konzentrierten sich aber vor allem im wahrsten Sinn des Wortes auf die Messung: in der Annahme, dass die Größe des Kopfes auf die Größe des Gehirns und damit auf die Intelligenz schließen lässt. Aus heutiger Sicht wenig überraschend, blieb diese Forschung erfolglos. Vermutlich genauso, wie an der Größe des Herzens die Empathie messen zu wollen.

Zur gleichen Zeit, wie der Cousin von Charles Darwin mit seinem Kollegen Köpfe maß, beschäftigte sich ein anderer Wissenschaftler, der Psychologe und Physiologe Wilhelm Wundt, mit der menschlichen Fähigkeit, nicht nur zu denken, sondern auch über die eigenen Gedanken nachzudenken. Das Grundprinzip von Reflexion, auch als Introspektion bekannt, wurde als ein anderer Ansatz zur Messung der Intelligenz betrachtet. Beide Vorgehensweisen sind veraltet, aber sie bildeten tatsächlich die Basis, auf der internationale IQ-Tests aufgebaut sind.

1904 wurden die Forschungen von Sir Francis Galton, Paul Broca, Wilhelm Wundt und anderen zusammengeführt, um den ersten IQ-Test zu konzipieren. Die französischen Psychologen Alfred Binet und Théodore Simon wurden vom Bildungsministerium in Paris beauftragt, einen Test zu entwickeln, der es Lehrenden ermöglichen sollte, zwischen faulen, demotivierten und lernschwachen Schüler*innen zu unterscheiden. Der daraus resultierende Simon-Binet-IQ-Test bestand aus Komponenten des logischen Denkens, Aufgaben zum Finden von Reimwörtern, Fragen zum räumlichen Vorstellungsvermögen und vielen anderen, die den Intelligenzgrad eines Kindes ermitteln sollten – sehr ähnlich wie Intelligenztests, die auch heute noch verwendet werden.

Wie die Ergebnisse moderner IQ-Tests waren die Resultate des Simon-Binet-IQ-Tests relativ. In Kombination mit dem Alter des Kindes wurde die Punktzahl berechnet und zeigte an, ob es Gleichaltrigen voraus war oder hinterherhinkte. Der Test wurde für eine breitere Anwendung weiterentwickelt, für Erwachsene verfeinert und weltweit sehr erfolgreich. Der IQ-Test war geboren und gilt noch immer als Standard, nicht nur schulisch und beruflich, sondern beispielsweise auch in Gerichtsverfahren oder beim US-Militär.

Wie IQ-Tests schaden und nutzen können

Die Relevanz, Nützlichkeit und Legitimität von IQ-Tests wird unter Pädagog*innen, Sozialwissenschaftler*innen und Naturwissenschaftler*innen immer noch stark diskutiert. Um zu verstehen, warum das so ist, ist es wichtig, sich genauer ihre Geschichte der Entstehung, Entwicklung und Verbreitung anzuschauen. Es ist eine Geschichte von Diskriminierung und Rassismus, in der diese Tests zur Ausgrenzung ethnischer Minderheiten und marginalisierten Gruppen eingesetzt wurden.

Forschende der Eugenik, die der Ansicht waren, dass Intelligenz und andere soziale Verhaltensweisen durch Biologie und Rasse bestimmt wurden, stürzten sich auf IQ-Tests. Die Eugenik wurzelt in der Evolutionslehre, die der britische Naturforscher Charles Darwin Mitte des 19. Jahrhunderts veröffentlichte und die, falsch interpretiert, die Grundlage für die „Rassenhygiene" im Nationalsozialismus legte. Anhänger der Eugenik wiesen auf die offensichtlichen Unterschiede hin, die diese Tests zwischen ethnischen Minderheiten und Weißen aufzeigten.

In ihren dunkelsten Momenten wurden IQ-Tests zu einem wirkungsvollen Mittel, um marginalisierte Gruppen mithilfe empirischer und wissenschaftlicher Methoden auszugrenzen und zu kontrollieren. Die Befürwortende eugenischer Ideologien in den 1900er-Jahren verwendeten IQ-Tests, um „Idioten" oder „Schwachsinnige" zu identifizieren.

Infolgedessen wurden viele US-amerikanische Bürgerinnen und Bürger sterilisiert. Im Jahr 1927 legalisierte ein berüchtigtes Urteil des Obersten Gerichtshofs der USA die Zwangssterilisation von Menschen mit Entwicklungsstörungen und „Schwachsinnigen". Das als „Buck versus Bell" bekannte Urteil führte zu mehr als 65 000 Zwangssterilisationen bei Menschen, denen ein niedriger IQ zugeschrieben wurde. Diejenigen, die nach dem Urteil zwangssterilisiert wurden, waren überproportional häufig arm oder farbig. Zwangssterilisationen aufgrund von IQ-Werten wurden offiziell bis Mitte der Siebzigerjahre fortgesetzt.

Die Debatte über die Berechtigung und Sinnhaftigkeit von IQ-Tests ist noch nicht zu Ende. Einige vertreten die Ansicht, dass Intelligenz ein kulturelles Konzept ist, das sich je nach Kontext anders darstellt – so wie viele kulturelle Verhaltensweisen und Emotionen auch. Was in dem einen Umfeld als intelligent gilt, ist es in einem anderen vielleicht nicht. So wird beispielsweise das Wissen über Heilkräuter in bestimmten Gemeinschaften als eine Form der Intelligenz angesehen, korreliert aber nicht mit den hohen Leistungen akademischer Intelligenztests. IQ-Tests lassen die Menschen gut dastehen, von denen sie entwickelt wurden, nämlich von Mitgliedern der weißen, westlichen Gesellschaft.

Gleichzeitig kann der IQ-Test genutzt werden, um genau den Gruppen zu helfen, denen er in der Vergangenheit oft am meisten geschadet hat. 2002 wurde die Hinrichtung von strafrechtlich verurteilten Personen mit geistigen Behinderungen, die häufig anhand von IQ-Tests festgestellt wurden, in den USA für verfassungswidrig erklärt. Im Bildungswesen können IQ-Tests ein wichtiges Mittel sein, um zu wissen, welche Kinder von sonderpädagogischen Leistungen profitieren könnten.

Ein Screening von Schüler*innen für die Begabtenförderung mithilfe von IQ-Tests könnte dazu beitragen, Kinder zu identifizieren, die sonst von Eltern und Lehrenden unbemerkt geblieben wären. Untersuchungen haben ergeben, dass die Schulbezirke, die Screening-Maßnahmen für alle Kinder unter Verwendung von IQ-Tests durchgeführt haben, mehr Kinder aus unterrepräsentierten Gruppen für die Begabtenförderung identifizieren konnten.

IQ-Tests können auch dazu beitragen, strukturelle Ungleichheiten zu erkennen, die die Entfaltung eines Kindes beeinträchtigt haben. Eine Identifizierung dieser Probleme könnte den Verantwortlichen in der Bildungs- und Sozialpolitik helfen, Lösungen zu finden. Es könnten spezifische Interventionen entwickelt werden, um Kinder zu unterstützen, die von diesen strukturellen Ungleichheiten betroffen sind.

Der Einsatz von IQ-Tests in verschiedenen Bereichen und die anhaltenden Meinungsverschiedenheiten über sie verdeutlichen nicht nur den immensen Wert, den unsere

Gesellschaft der Intelligenz beimisst, sondern auch unseren Wunsch, sie zu verstehen und zu messen.

Wie bedeutend emotionale Intelligenz ist

Doch IQ-Tests allein geben nicht unbedingt Aufschluss über das gesamte Spektrum der Denkfähigkeiten. Auch sagen sie nicht immer den Erfolg in der Schule, im Leben oder im Beruf voraus. Die australische Psychologin Carolyn McCann untersuchte 2020 den Zusammenhang zwischen Intelligenzquotienten und emotionaler Intelligenz bei Studierenden, um deren Erfolgsaussichten nachzugehen. Die meisten Studien beleuchteten die Auswirkungen von emotionaler Intelligenz oder des IQs auf akademische Leistungen, aber nicht ihre Kombination – anders in der Forschung von Carolyn McCann. McCann und ihr Team untersuchten Daten aus über 160 Studien mit mehr als 42 000 Schüler*innen weltweit, vom Grundschulalter bis zum College. Die Metaanalyse zeigte, dass Schüler*innen mit höherer emotionaler Intelligenz tendenziell bessere Noten erzielten als Mitschüler*innen, deren emotionale Intelligenz nicht so ausgeprägt war. Der Effekt war unabhängig von Alter und Intelligenzquotient zu beobachten.

Laut McCann gibt es eine Reihe von Faktoren, die erklären, warum emotionale Intelligenz den akademischen Erfolg beeinflusst. Schüler*innen mit höherer emotionaler Intelligenz können besser mit Emotionen wie Langeweile, Angst, Stress oder Enttäuschung umgehen und stärkere Beziehungen zu Lehrenden und Gleichaltrigen aufbauen, was sich positiv auf die akademische Leistung auswirken kann. Genau wie die kognitive Intelligenz sollte also auch die emotionale Intelligenz bei Kindern gefördert werden. Anstatt Schüler*innen zu testen, um diejenigen mit geringer emotionaler Intelligenz zu identifizieren, was sich als stigmatisierend erweisen könnte (genauso stigmatisierend wie IQ-Tests), empfiehlt MacCann, sich auf die Ausbildung von Lehrenden zu konzentrieren und sie zu befähigen, emotionale Intelligenz zu trainieren.

Emotionale Intelligenz ist ein relativ neues Konzept, obwohl sein Wert inzwischen weithin anerkannt ist. Nachdem IQ-Tests schon mehr als hundert Jahre eingesetzt wurden und vermutlich über das Schicksal vieler Menschen bestimmten, entstand der Begriff „emotionale Intelligenz" erst 1990 durch die Arbeit der Psychologen John D. Mayer und Peter Salovey.

Salovey war zu dieser Zeit Professor an der Yale University und Mayer Post-Doktorand an der Stanford University. Sie forschten und veröffentlichten zahlreiche Artikel zu diesem Thema, aber trotz all ihrer Arbeit wird der Begriff „emotionale Intelligenz" heute vor allem mit seinem prominentesten Vertreter, dem US-amerikanischen Psychologen Daniel Goleman, in Verbindung gebracht. Er machte das Konzept der emotionalen Intelligenz von Salovey und Mayer 1996 mit der Veröffentlichung seines Buchs *EQ. Emotionale Intelligenz* weltbekannt.

Nach der Definition von Salovey, Mayer und Goleman ist emotionale Intelligenz die Fähigkeit, Informationen über die eigenen und die Gefühle anderer Menschen zu verarbeiten. Goleman beschreibt fünf Säulen der emotionalen Intelligenz:

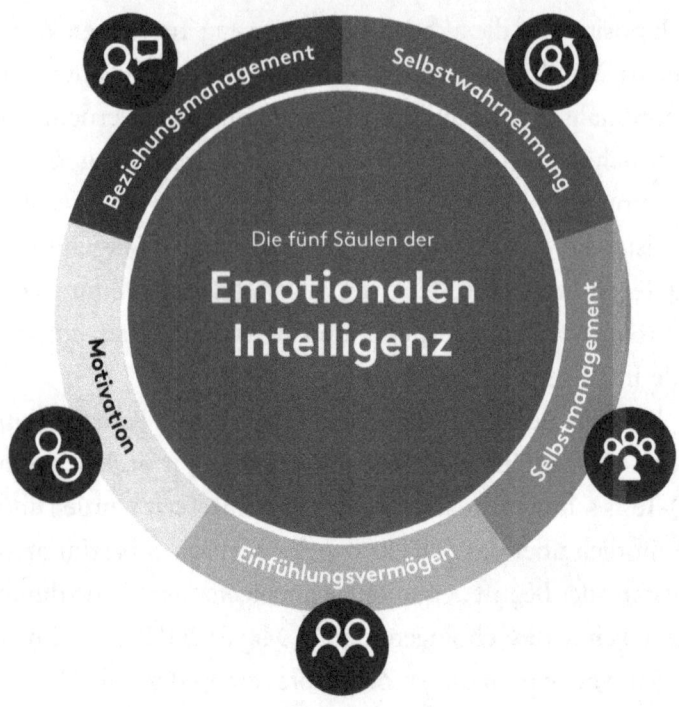

Die fünf Säulen der
Emotionalen Intelligenz

Beziehungsmanagement

Selbstwahrnehmung

Motivation

Selbstmanagement

Einfühlungsvermögen

1. Säule: Selbstwahrnehmung

Die Selbstwahrnehmung ist die Fähigkeit, die eigenen Gefühle, emotionalen Auslöser, Stärken, Schwächen, Motivationen, Werte und Ziele zu erkennen und zu verstehen, wie sie unsere eigenen Gedanken und das eigene Verhalten beeinflussen.

Wenn wir uns im Job gestresst, genervt, gelangweilt oder niedergeschlagen fühlen, ist es wichtig, herauszufinden, warum das so ist. Erst wenn wir in der Lage sind, das Gefühl zu benennen und die Ursache zu verstehen, können wir Lösungen finden.

2. Säule: Selbstmanagement

Selbstmanagement beschreibt die Fähigkeit, die eigenen Emotionen zu regulieren; sie beruht auf der Selbstwahrnehmung. Alle Menschen – natürlich auch diejenigen mit hoher emotionaler Intelligenz – haben mal schlechte Laune, Ärger oder Stress. Selbstmanagement ist die Eigenschaft, diese Emotionen wahrzunehmen und zu regulieren, anstatt sich von ihnen kontrollieren zu lassen.

Das könnte bedeuten, dass man in sehr stressigen oder aggressiven Situationen nicht sofort reagiert. Wenn wir uns zum Beispiel entscheiden, über eine E-Mail zu schlafen, die uns wütend gemacht hat, und mit klarem Kopf zu reagieren, anstatt impulsiv zu handeln. Das beeinflusst im Übrigen auch unsere eigene mentale Gesundheit.

3. Säule: Motivation

Motivation ist im Wesentlichen das, was uns antreibt und begeistert. Wenn wir mit Rückschlägen und Hindernissen konfrontiert werden, ist es wichtig, dass wir uns an unsere Motivation erinnern, um weiter voranzukommen.

Menschen mit geringer Motivation sind eher risikoscheu und ängstlich statt problemlösungsorientiert. Mangelnde Begeisterungsfähigkeit einer einzelnen Person kann ein ganzes Team demotivieren. Diejenigen wiederum, die motiviert und stolz auf ihre Arbeit sind, teilen ihr Wissen offener und haben mehr Energie.

4. Säule: Einfühlungsvermögen

Empathie ist die Fähigkeit, sich emotional in andere hineinzuversetzen und ihre Gefühle, Sorgen und Standpunkte nachzuvollziehen.

Diese Fähigkeit ist besonders wichtig, wenn man ein Team führt, aber auch in der Arbeit mit Kund*innen, denn sie ermöglicht es, die Bedürfnisse und die Reaktionen des Gegenübers vorauszusehen. Empathie ist auch mit Innovation verbunden (mehr dazu in Kapitel 7).

5. Säule: Beziehungsmanagement

Beim Beziehungsmanagement geht es vor allem um zwischenmenschliche Fähigkeiten – um die Kompetenz, echtes Vertrauen, Verbundenheit und Respekt aufzubauen. Es handelt sich hierbei nicht um das Klischee einer Teambuilding-Übung, bei der man die Augen schließt und sich fallen lässt – wenn es nur so einfach wäre! Es geht darum, einzelnen Menschen, einem Team und auch sich selbst zu vertrauen.

Eine Führungskraft mit guten Fähigkeiten im Beziehungsmanagement ist in der Lage, Teammitglieder zu inspirieren, individuell zu führen und weiterzuentwickeln, was sich erheblich auf die Leistung und Produktivität des Teams auswirkt.

Emotionale Intelligenz ist also in ihrer Komplexität von Belang für unser menschliches Miteinander und für beruflichen Erfolg. Trotzdem wird es vermutlich noch etwas dauern, bis dem EQ genauso viel Bedeutung beigemessen wird wie dem IQ. Und ich wünsche mir, dass wir irgendwann in einer Welt leben und arbeiten, in der es nicht primär darum geht, was wir schon wissen, sondern darum, was wir alles noch lernen können – emotional und intellektuell. Eine Welt, in der unser Wert als Mensch nicht an Zahlen festgemacht wird. Denn: Noch immer werden die Ergebnisse von IQ-Tests mit besseren akademischen Leistungen, höheren Gehältern und gesteigerten Karrierechancen in Verbindung gebracht. Wie viel Potenzial wohl verloren geht, weil Menschen meinen, sie sind nicht intelligent genug?

Ich selbst habe viele Jahre mit der Vermutung gekämpft, dass mein IQ nicht so hoch ist wie der meiner Mitschüler*innen, meiner Schwester, meiner Tanten und deshalb wohl weniger aus mir werden wird. In den ersten Jahren auf dem Gymnasium habe ich mich irgendwie durchgekämpft, stand immer auf der Kippe – bis ich in der neunten Klasse schließlich durchgefallen bin. Mein Glaubenssatz manifestierte sich: „Ich bin eben nicht so intelligent wie die anderen." Auch das hat sicher dazu beigetragen, dass ich das Gymnasium nach der zehnten Klasse verlassen habe, um meine Ausbildung anzufangen. Absurderweise endete damit auch meine damalige Beziehung, weil sich meine Jugendliebe nicht vorstellen konnte, eine Freundin ohne Abitur zu haben.

Ein paar Jahre später sagte meine Großmutter einen Satz zu mir, den ich nie vergessen werde. Auf einem großen Familienfest kümmerte ich mich um das Buffet und räumte Sachen hin und her. Als ich mit einem Stapel Teller an ihr vorbeilief, schaute sie mich bewundernd an und meinte: „Gell, in unserer Familie gibt es halt die Klugen und die Fleißigen." Aus dem Mund meiner Großmutter war das ein Kompliment, weil Fleiß und Fürsorge für sie eine große Bedeutung hatten – vor allem für Frauen. Und trotzdem traf mich dieser Satz so tief, weil er meinen eigenen Glaubenssatz bestätigte.

Mir ist inzwischen bewusst, dass sich Fleiß und Intelligenz nicht ausschließen, dass der IQ nicht wichtiger ist als der EQ. Und trotzdem fühle ich mich in akademischen Umfeldern oft unwohl, aus Angst, nicht intelligent genug zu sein. Aber keine Sorge, im Rahmen einer Psychotherapie wurde bei mir vor vielen Jahren ein IQ-Test gemacht – und es ist alles im grünen Bereich.

Es werden übrigens noch weitere Aspekte von Intelligenz erforscht. Einige Wissenschaftler*innen gehen nämlich davon aus, dass Menschen über eine physische Intelligenz (PQ) oder sogar eine spirituelle Intelligenz (SQ) verfügen. Der US-amerikanische Erziehungswissenschaftler und Psychologe Howard Gardner beschreibt physische Intelligenz als ein Bewusstsein für Körperhaltung, Atmung, Kraft, Energielevel und körperliche Koordination. Gardner vertritt die Ansicht, dass Menschen mit hoher körperlicher Intelligenz durch Bewegung und körperliche Interaktionen besser lernen können. Ein Ansatz, der in der Pädagogik längst fest verankert ist. Forschungsergebnisse zeigen, dass die Förderung von Bewegung und Aktivität bei Kindern Gedächtnis, Wahrnehmung, Sprache, Aufmerksamkeit, Emotionen und sogar die Entscheidungsfindung verbessern kann.

Spirituelle Intelligenz umfasst etwa ein Bewusstsein für die eigene Bedeutung, den Sinn des Lebens, persönliche Werte, Dankbarkeit, Glaube, Ethik und Mitgefühl. In einer 2013 erschienenen Studie der Universität von Teheran konnte nachgewiesen werden, dass ein hohes Maß an spiritueller Intelligenz Pflegekräften in Krankenhäusern hilft, ihr eigenes psychologisches Wohlbefinden zu verbessern und einen Sinn im Leben zu finden, was wiederum dazu führt, dass sie besser in der Gesundheitsversorgung ihrer Patient*innen sind.

Ich bin gespannt, was sich in diesen Forschungsbereichen noch entwickeln wird – was für mich aber jetzt schon feststeht: Entscheidend ist eine ganzheitliche Betrachtung. Es geht nicht um emotional oder rational, es geht nicht um rechte oder linke Gehirnhälfte – es geht um Menschen und ihre einzigartigen Fähigkeiten.

Interessant wird hier, wie sich das in der Arbeitswelt widerspiegeln wird. So wie sie sich verändert, sollte sich auch die Art verändern, wie Unternehmen die richtigen Mitarbeitenden finden. Wo früher in Personalauswahlprozessen noch stark auf Noten und auch IQ-Werte gesetzt wurde, bekommt emotionale Intelligenz eine immer größere Bedeutung.

Unser IQ ist wichtig, aber wenn es um die Vorhersage von beruflichem Erfolg geht, ist die emotionale Intelligenz mittlerweile mindestens genauso entscheidend. Emotionale Intelligenz hat Auswirkungen auf unsere mentale Gesundheit, Teamfähigkeit, Führungsqualitäten und langfristigen beruflichen Erfolg. Eine Umfrage der Karriereplattform CareerBuilder.com unter 2600 Personalverantwortlichen im Jahr 2011 ergab, dass 71 Prozent emotionale Intelligenz höher einschätzen als den IQ. 59 Prozent würden Bewerbende mit niedrigem EQ ablehnen, selbst wenn sie die richtige Ausbildung und die passenden Fähigkeiten haben.

Was emotionale Intelligenz für die Transformation in der Arbeitswelt bedeutet

Um zu verstehen, warum emotionale Intelligenz so hoch bewertet wird, ist es unerlässlich, sich die veränderte Arbeitswelt anzuschauen: Technologien, die sich rasant weiterentwickeln, soziale, wirtschaftliche und politische Instabilität – wir leben in einer Zeit, in der Transformation keine Phase ist, sondern der Normalzustand. Eine Zeit, in der sich Unternehmen ständig neu anpassen müssen und deshalb nach entsprechenden Mitarbeitenden suchen, die über die dafür notwendigen Skills verfügen.

Besonders deutlich wurde das durch die Pandemie: Mehr als zwei Jahre, in denen ein Großteil der zwischenmenschlichen Kommunikation in Unternehmen rein digital ablief, haben in vielen Unternehmen dazu geführt, dass soziale, zwischenmenschliche Interaktion und das Teamgefühl abnehmen. Mit Kolleg*innen in Kontakt zu treten, ihre Fähigkeiten wahrzunehmen und ihre Bedürfnisse zu verstehen oder erfolgreich im Team zusammenzuarbeiten ist herausfordernder geworden. Unternehmen suchen nach Führungskräften mit einem hohen Maß an emotionaler Intelligenz zur Pflege von zwischenmenschlichen Beziehungen, zur Mediation und zum nachhaltigen Teambuilding, um Mitarbeitende langfristig zu halten. Kein Wunder, dass das

Weltwirtschaftsforum emotionale Intelligenz zu den zehn wichtigsten Fähigkeiten zählt, die Arbeitnehmende in Zukunft brauchen werden.

Sind sowohl Arbeitnehmer*innen als auch Führungskräfte emotional intelligent, können sie eine engere Bindung aufbauen und ehrliche Gespräche über Ziele und Herausforderungen führen. Dieses Maß an Transparenz kann das Engagement, die Leistung und auch die Bindung an das Unternehmen fördern – und das ist heute wichtiger denn je. Noch nie haben so viele Menschen ihren Job gekündigt beziehungsweise den Arbeitgeber gewechselt wie in den letzten zwei, drei Jahren. Dieses Phänomen hat sogar einen Namen: die Große Resignation. Corona hat dazu geführt, dass sich viele Menschen neu definiert haben. Wir hatten Zeit, um zu hinterfragen, was uns wichtig ist, was Arbeit für uns bedeutet und was es heißt, wertgeschätzt zu werden.

Es ist eine enorme Herausforderung, die eigenen Emotionen und die der anderen zu verstehen und intelligent zu nutzen, vor allem, da so viele Teams remote oder hybrid arbeiten. Untersuchungen zeigen, dass es dadurch schwieriger sein kann, sich mit den Menschen, mit denen wir beruflich zu tun haben, verbunden zu fühlen oder ihre Emotionen und nonverbalen Signale wahrzunehmen.

Wir alle kenne die Klischees und Schubladen, die sich um Menschen mit hohem IQ oder EQ drehen. Es geht nicht darum, was besser oder wichtiger ist. Aber wenn wir die verschiedenen Formen von Intelligenz erkennen und diese Informationen für Teams nutzen, haben alle die Chance, ihre einzigartigen Fähigkeiten bestmöglich einzusetzen.

Intelligenz hat viele Faktoren, von denen einige mit der Fähigkeit zu denken und andere mit der Fähigkeit zu fühlen zusammenhängen. Kognitive Intelligenz und emotionale Intelligenz können unsere zwischenmenschlichen Beziehungen, unseren beruflichen Erfolg und auch unser allgemeines Wohlbefinden beeinflussen. Intelligenz ganzheitlich zu verstehen, wahrzunehmen und zu entwickeln kann der Schlüssel zum Erfolg in vielen Bereichen unseres Lebens sein.

IQ- und EQ-Training

Es sollte nicht unser Ziel sein, unseren IQ-Wert zu steigern – es ist ohnehin fraglich, ob das überhaupt möglich ist. Stattdessen sollten wir uns auf Übungen konzentrieren, mit denen wir unsere kognitive und emotionale Intelligenz im Alltag trainieren können. Hier sind einige:

Problemlösungskompetenz

Kinder fragen in einer bestimmten Phase ihrer Entwicklung ständig nach dem „Warum" – und auch wenn das schon manche Eltern an den Rand des Wahnsinns getrieben hat, hilft es den Kindern, ihre eigene Problemlösungsfähigkeit zu trainieren. Und genau diese Methode können wir auch im Alltag nutzen:

Bei der Problemlösungskompetenz ist die größte Herausforderung, das wirkliche Problem zu erkennen. Alles, was wir dafür tun müssen, ist, uns selbst fünfmal die Frage „Warum?" zu stellen. Beginnen wir mit dem Problem und fragen, warum es passiert ist. Dabei ist es wichtig, möglichst objektiv zu antworten. Wir stellen die Frage „Warum?" noch mindestens vier weitere Male. Irgendwann haben wir die Antwort auf unsere Frage gefunden und können uns auf die Suche nach einer Lösung machen. Die größte Herausforderung bei dieser Technik besteht darin, rationale, objektive Antworten auf jedes „Warum" zu geben.

Oft ist es erstaunlich, wie anders oder einfach das wirkliche Problem am Ende aussieht. Wenn wir es durch unsere Warum-Fragen identifiziert haben, stellen wir uns mindestens fünfmal die Wie-Frage (Wie konnte es zu dem Problem kommen?), um fünf verschiedene Lösungen zu finden. Im Gegensatz zu den Warum-Fragen ist es hier grundlegend, nicht nur objektiv zu sein, sondern auch in verrückten, kreativen Ideen zu denken.

Empathie

Pantomime kann uns dabei helfen, unsere Empathie zu trainieren. Indem wir andere genau beobachten und wir versuchen, uns im Spiel in sie hineinzuversetzen, um zu verstehen, was sie ausdrücken wollen, trainieren wir unsere Empathie.

Auch aktives Zuhören kann uns helfen, empathischer zu werden. In Gesprächen hören wir nicht nur zu, um direkt zu antworten, sondern um Rückfragen zu stellen: „Wenn ich dich richtig verstanden habe, dann ...", „Wie war dein Gefühl, als du ...?".

Wer (wie ich) mit Pantomime wenig anfangen kann oder Empathie lieber allein trainieren will, kann beim nächsten Café-Besuch bewusst darauf achten, wie Menschen interagieren, wie ihre Körpersprache, Mimik und Gestik ist – ich bin immer wieder erstaunt, wie viel mehr ich „sehe", wenn ich bewusst hinschaue.

Lernfähigkeit

Für die kognitive wie für die emotionale Intelligenz ist unsere Lernfähigkeit elementar – und die können wir trainieren. Umso mehr wir lernen, desto lernfähiger sind wir. Und dabei ist es ganz egal, ob es eine neue Sprache, ein Hobby oder auch etwas vermeintlich Banales wie das Lösen von Kreuzworträtseln ist.

Langeweile

Ja, richtig gelesen: Langeweile kann uns intelligenter machen. Mir ist absolut bewusst, dass Langeweile ein Privileg ist. Ganz bewusst nichts zu tun kann unserem Gehirn aber dabei helfen, Lösungen zu finden und wieder kreativ zu werden.

5

Warum emotionale Intelligenz unsere Resilienz steigert

Resilienz ist quasi das Immunsystem unserer Psyche, und ich kenne ihre Bedeutung durch meine pädagogische Ausbildung, denn sie hat in der Entwicklungspsychologie eine große Relevanz. Resilienz beschreibt dort die Fähigkeit von Kindern, mit Herausforderungen und Krisen umzugehen sowie Widerstandsfähigkeit, Belastbarkeit, Frustrationstoleranz und Stabilität zu entwickeln. Kinder bauen im Laufe der Zeit durch Erfahrung Resilienz auf, und enge Bindungen zu Bezugspersonen können dabei besonders hilfreich sein – das müssen übrigens nicht immer die Eltern sein. Resilienten Kindern fällt es leichter, Probleme zu lösen und neue Fähigkeiten zu lernen, weil sie eher dazu bereit sind, es noch einmal zu versuchen, auch wenn es beim ersten Mal nicht funktioniert hat.

Der Begriff „Resilienz" stammt vom lateinischen Verb *resilire* ab, was so viel bedeutet wie „zurückspringen" oder „abprallen". Mir gefällt dabei das Wort „Zurückspringen" mehr als „Widerstandsfähigkeit", obwohl mit diesem Begriff Resilienz oft gleichgesetzt wird. Viel besser, als stark und starr Widerstand gegen Stress zu leisten (was ohnehin nicht möglich ist), wäre es doch, wenn wir es schaffen, Stressenergie aufzunehmen, um wie beim Trampolin in die ursprüngliche Form zurückzuspringen. Oder bestenfalls sogar die Energie aufgreifen, die uns nach unten gezogen hat, um höher zu springen.

Die Forschung der US-amerikanischen Entwicklungspsychologin Emmy E. Werner machte in den Siebzigerjahren den Begriff „Resilienz" bekannt. Werner und ihr Team begleiteten über vierzig Jahre lang siebenhundert Kinder, die 1955 auf der Hawaii-Insel Kauai geboren wurden. Ein Drittel der Kinder hatte eine hohe Risikobelastung, darunter Armut, Vernachlässigung oder Misshandlung. Wiederum ein Drittel dieser Risikogruppe entwickelte sich trotz der vielen Stress- und Krisensituationen ohne Probleme und zeigte keine Verhaltensauffälligkeit – sondern starke Resilienz. Diese Menschen führten glückliche Beziehungen, hatten eine optimistische Lebenseinstellung und gaben an, erfüllt zu sein. Als sie vierzig wurden, konnte bei ihnen, im Gegensatz zu den anderen Probanden aus der Langzeitstudie, eine geringere Todesrate, eine stabilere mentale Gesundheit und weniger chronische Krankheiten festgestellt werden. Resilienz ist für unsere persönliche Entwicklung und damit auch die Weiterentwicklung von Gesellschaften also von entscheidender Bedeutung.

Aber wie lernen wir Resilienz? Das Erleben von herausfordernden Situationen ist grundlegend für das Trainieren von Resilienz, denn nicht jeder Stress ist schädlich. Im Leben von Kindern gibt es viele Gelegenheiten, überschaubaren Stress zu erleben – etwa der Wutanfall an der Supermarktkasse, Frustration, weil ein Puzzle nicht klappt, oder ein Streit im Kindergarten. Dieser Stress kann wachstumsfördernd für Resilienz sein. Kinder lernen mit diesen Situationen umzugehen und ihre Frustration zu regulieren, vor allem lernen sie aber, dass es nach dem Stress wieder ganz normal weitergehen kann – oder sie sogar ein Erfolgserlebnis haben, wenn sie ihn überwinden konnten. Und das Gute ist: Resilienz potenziert sich. Je öfter Kinder solche Momente überwinden, desto mehr steigen ihr Selbstvertrauen, ihre Problemlösungsfähigkeit und damit ihre Resilienz.

Auch wenn wir in den ersten Lebensjahren am lernfähigsten sind, kann Resilienz in jedem Alter trainiert werden. Und Erwachsene, die diese Fähigkeiten bei sich selbst stärken, können jüngeren Menschen gesunde Verhaltensweisen besser vorleben und so die Widerstandsfähigkeit der nächsten Generation verbessern – denn Erziehung passiert weniger durch das, was wir sagen, sondern viel mehr durch das, was wir tun.

Wie wir durch Krisen Resilienz entwickeln können

Vor mehr als zehn Jahren war es Teil meines Arbeitsalltags, Kinder in ihrer Fähigkeit zur Resilienz zu fördern und mit ihren Eltern über die Stresssituationen zu sprechen. Aber mit meiner beruflichen Neuorientierung verschwand das Wort fast gänzlich aus meinem Alltag – bis es vor gut zweieinhalb Jahren in einem ganz neuen Zusammenhang wieder auftauchte: Mit Beginn der Coronapandemie und damit verbunden mit einer der größten gesundheitlichen, gesellschaftlichen und wirtschaftlichen Krisen in der jüngeren Vergangenheit stellte sich automatisch die Frage, wie wir als Gesellschaft aus dieser Krise herauskommen und wie widerstandsfähig Unternehmen sind. Plötzlich sprach die ganze Business-Welt über Resilienz.

Schon kurz nach dem Ausbruch von COVID-19 zeigte sich für viele Unternehmen und Organisationen weltweit, welche extremen und unvorhersehbaren Auswirkungen die Pandemie auf sie hat und noch haben wird. Der Lockdown und die damit einhergegangenen Kontaktbeschränkungen führten zu Hilflosigkeit, Chaos oder – schlimmer noch – zum Stillstand in vielen Unternehmen. In dieser Zeit sind auch die Suchanfragen im Internet zum Thema Resilienz deutlich gestiegen, denn Krisen stellen uns immer vor die Frage: Wie können wir das überstehen? Welche Lösungen gibt es? Wie entwickeln wir Resilienz?

Für die persönliche Resilienz ist es grundlegend, Krisen anzunehmen und sich selbst Verletzlichkeit und damit verknüpft Emotionalität zuzugestehen. Passiert das im richtigen Ausmaß, können wir genau daraus stark werden. Und dabei geht es selten um globale Krisen wie eine Pandemie, sondern oft um sehr persönliche Themen. Nehmen wir einen Jobverlust: Neben der finanziellen Unsicherheit und der Zukunftsangst geht das für viele Menschen mit einem gefühlten Verlust ihrer Persönlichkeit einher. Wir definieren uns oft über unseren Job, und das muss nicht unbedingt etwas Negatives sein. Wenn wir aber in unserem Job Sinn und Erfüllung finden, wenn wir unsere Werte darin ausleben können, kann ein Jobverlust natürlich zu einer Persönlichkeitskrise führen.

Vor vielen Jahren, als ich in Interviews zum ersten Mal öffentlich über mein Privatleben sprach, wurde ich zitiert mit dem Satz: „Jede Krise kann immer auch eine Chance sein." Das würde ich heute nicht mehr so sagen. Es ist gefährlich, wenn wir Schicksalsschläge romantisieren, weil es ihnen die Ernsthaftigkeit nehmen kann und wir uns selbst damit auch die Möglichkeit nehmen, wichtige Emotionen wie Trauer und Wut auszuleben. Auch Sätzen wie „Was mich nicht umbringt, macht mich stärker" (Friedrich Nietzsche) würde ich nicht mehr bedingungslos zustimmen. Ein Ereignis, das uns nicht tötet, kann trotzdem zu psychischen Krankheiten führen und Menschen damit alles andere als „stärker" machen. Aber es kann auch gefährlich sein, wenn wir in Krisen verharren. (Auch hier wieder der Hinweis: Wir müssen und können nicht jede Krise selbst lösen. Es ist wichtig und ein Zeichen von Stärke, sich Hilfe zu holen.)

Es sind nicht immer Krisen oder Traumata, die uns Resilienz abverlangen – im Gegenteil, das ist eher die Seltenheit. Es sind ganz normale Stresssituationen, in denen wir jeden Tag resilient sein müssen. Und wie wir alle wissen, klappt das mal besser und mal schlechter. Wenn schon morgens der Kaffee ausgegangen ist, die erste E-Mail des Tages eine Beschwerde beinhaltet, plötzlich ein Dokument nicht mehr auffindbar ist, eine Deadline immer näher rückt – wir alle kennen diese Momente. Und vor allem kennen wir das Gefühl, wenn sich der Stress immer mehr aufbaut und dann scheinbar gar nichts mehr funktioniert. Damit das nicht passiert und wir unsere Resilienz wiederfinden, ist es elementar, innezuhalten und den Stress bewusst wahrzunehmen. Nur was wir wahrnehmen, können wir auch überwinden. Manchmal muss ich dann selbst darüber lachen, wie sehr ich mich gerade in Stress reingesteigert habe.

Stresssituationen, die wir erleben, sind bedrückend, aber Stresssituationen, die wir uns ausmalen, können noch schlimmer sein. Auch solche Sorgen sind per se nichts Schlechtes, sie können uns sogar dabei helfen, vorauszudenken und so vielleicht Fehler zu vermeiden oder umsichtiger zu sein. Aber laut einer Studie von Holly Hazlett-Stevens, Psychologin an der Pennsylvania State University, werden 85 Prozent unserer Befürchtungen nie Realität. Passend dazu ist der Satz des französischen Philosophen Michel de Montaigne: „Mein Leben war voller schrecklicher Unglücke, von denen die meisten nie passiert sind."

Wir könnten uns jetzt darüber ärgern, dass wir mit diesen Sorgen, die sowieso nicht Realität werden, unsere Zeit verschwenden, aber das macht es im Zweifelsfall nur noch schlimmer. Weil wir dabei kein Mitgefühl mit uns selbst haben, sondern uns selbst kritisieren. Viel besser ist die Vorstellung, dass unser Gehirn 85 Prozent der „Sorgenzeit" nur trainiert und übt, resilient zu sein – damit es bei den restlichen 15 Prozent der Befürchtungen, die wirklich Realität werden, dann auch klappt mit der Resilienz.

Denn oft können wir eben nicht entscheiden, was uns passiert, wie stressig ein Tag wird oder welche Krisen wir durchleben – aber wir können im Normalfall beschließen, wie wir damit umgehen. Ganz wichtig ist auch hier das Wahrnehmen und Anerkennen von Stresssituationen, von – vermeintlich kleinen – Krisen. Mir hilft dabei dieser Gedanke: Stresssituationen sind erst einmal nur kleine Schürfwunden, keine große Verletzung. Aber selbst kleine Schürfwunden können sich entzünden und gefährlich werden. Deshalb ist es wichtig, auch bei kleinen Schürfwunden, auch bei kleineren Stresssituationen zu schauen: Wie schlimm ist die Verletzung? Sollte ich vielleicht eine kurze Pause machen? Reicht einmal pusten? Oder brauche ich ein kleines Pflaster? Mitgefühl mit uns selbst zu haben, selbst wenn es nur eine Schürfwunde ist, kann eine Menge bewirken.

Bei Kindern, die sich stoßen, die hinfallen oder die sich die Haut aufschürfen, kann ein einfaches Pusten Wunder bewirken. Natürlich hilft ein Pusten nicht aus medizinischer Sicht – aber das Anerkennen, das kurze Innehalten, das Mitgefühl beim Pusten tragen dazu bei, die Situation zu überwinden.

Herausfordernder sind natürlich die größeren Krisen. Das sind keine alltäglichen Stresssituationen, die man mit einer Schürfwunde vergleichen könnte, sondern eher große Verletzungen, die (emotionale) Erste Hilfe, anschließend vielleicht eine langfristige Behandlung brauchen und die manchmal tatsächlich lebensbedrohlich sein können. Und genauso lebensbedrohlich war und ist die Coronapandemie. Ja, medizinisch, aber auch emotional und stressbedingt.

Selten war unsere persönliche Resilienz so gefordert gewesen wie zu dieser Zeit.

Aber nicht nur die persönliche Resilienz, sondern ebenso die systemische Resilienz von Unternehmen und Organisationen ist seitdem besonders gefragt. Schon in den Jahren davor wurde eine Umstrukturierung der Arbeitswelt von historischen Ausmaßen erlebt. Die Pandemie hat diesen digitalen Wandel nochmals beschleunigt. Der technologische Fortschritt potenziert sich, der Klimawandel verlangt disruptive Veränderungen, und politische Spannungen sind allgegenwärtig. Wir können kaum erahnen, wie unsere Arbeitswelt in zwanzig oder dreißig Jahren aussieht, ob es bestimmte Unternehmen und Berufsfelder überhaupt noch geben wird. Diese Dynamik macht Krisen schwer vorhersehbar, Unternehmen aller Branchen müssen also ihre Resilienz stärken.

Wie Unternehmen systemische Resilienz entwickeln

Für Unternehmen und uns als Gesellschaft ist es wichtig, die Veränderungen in der Zukunft nicht nur zu überstehen, sondern auch mitzugestalten. Wir brauchen systemische Resilienz. Logischerweise fördert persönliche Resilienz auch die systemische Resilienz, denn Organisationen bestehen immer aus Menschen – daran sollten wir uns immer wieder erinnern.

Natürlich gibt es diverse Branchen, Unternehmensformen und -bereiche. Aber es gibt fünf verbindende Faktoren, die Resilienz ausmachen:

Unternehmenskultur:

Sie ist maßgeblich, weil sie Werte, Mission und Vision widerspiegelt. Dabei wird gerne vergessen, dass eine Unternehmenskultur nichts ist, was auf eine Website geschrieben wird, sondern etwas, das jeden Tag gelebt werden sollte. Werte können Sinn stiften, ein gemeinsames Ziel schafft Verbundenheit, Inklusion, also gleichberechtigte Teilhabe, ermöglicht Zugehörigkeit. Und Diversität fördert Meinungs- und Skill-Vielfalt.

Transparenz

Eine transparente Kommunikation schafft Vertrauen und gibt Sicherheit. Immer wieder habe ich erlebt, dass sie gerade in Stress- und Krisenzeiten enorm wichtig ist. Es ist fundamental, das Wissen über Krisen oder mögliche Bedrohungen zu teilen, ebenso Ziele und Erwartungen klar zu benennen und offenen Informationsaustausch zu fördern.

Flexibilität

Krisen sind selten planbar, weder auf persönlicher Ebene noch für Unternehmen. Umso ausschlaggebender ist die Fähigkeit, spontan reagieren zu können, etwa mit Homeoffice und anderen flexiblen Arbeitsstrukturen. Flexibilität kann aber auch bedeuten, ganze Geschäftsmodelle zu hinterfragen und damit auf der Mitarbeiterebene neue berufliche Möglichkeiten zu erörtern.

Prävention

Arbeiten Unternehmen oder Mitarbeitende erst in der Krise an ihrer Resilienz, kann es oft zu spät sein. Es geht um Proaktivität statt Reaktivität. Schließlich muss Resilienz trainiert werden, um gesund zu bleiben, braucht es Vorsorge. Regelmäßige „Gesundheitschecks" in Unternehmen und Teams sind unerlässlich, um zu verstehen, wo geübt werden muss. Dabei kann sowohl fachliche als auch persönliche Weiterbildung helfen. Und auch Planung: Wer kann im Notfall wen vertreten? Wo liegt welche Information?

Leadership

Die wichtigste Funktion hat Leadership. Und damit meine ich nicht nur Führungskräfte – Leadership ist eine Haltung, eine Vorbildfunktion. Wenn emotionale Intelligenz und Empathie vorgelebt werden, hat das einen Nachahmungseffekt und führt damit zu offener Kommunikation und Kritikfähigkeit. Vertrauensvolles Leadership kann außerdem die Selbstständigkeit und damit die Selbstwirksamkeit und Motivation stärken. Und wenn all diese Dinge – Emotionalität, Empathie, offene Kommunikation, Selbstständigkeit, Selbstwirksamkeit – in Teams gefördert werden, führt das zu besseren Beziehungen. Und gute Beziehungen, auch die zu uns selbst, sind die Grundlage für Resilienz.

2013 untersuchte die US-amerikanische Psychologie-Professorin Tamera Schneider den Zusammenhang zwischen emotionaler Intelligenz und Resilienz. Die emotionale Intelligenz der Studienteilnehmenden wurde zu Beginn mit einem ausführlichen Test analysiert, anschließend wurden sie verschiedenen Stresssituationen ausgesetzt, und danach wurden die mentalen sowie physiologischen Stressreaktionen gemessen. Das Ergebnis: Emotional intelligentere Menschen empfinden Stresssituationen eher als Herausforderung denn als Bedrohung.

Emotionale Intelligenz fördert also Stressresilienz. Und somit stärken emotional intelligente Mitarbeitende und Führungskräfte auch die Resilienz von Unternehmen. Aber das dürfte nun auch keine Überraschung mehr sein.

Resilienz wird meist mit Widerstandsfähigkeit beschrieben. Es ist aber nicht immer hilfreich, Widerständen standzuhalten. Manchmal ist es sinnvoller, wie beim Trampolin den Druck wahrzunehmen, ihm nachzugeben, die Energie aufzunehmen und letztlich zu nutzen, um danach noch höher springen zu können.

Resilienz-Liste

Je bewusster wir uns unserer Resilienz werden, desto resilienter werden wir. Klingt komisch, ist aber so.

Ich finde, wir alle sollten eine Resilienzliste führen und diese nach einer überwundenen Krise ergänzen. Schreibt auf, welche Situationen ihr schon gemeistert habt, in denen eure Resilienz gefordert war. Fangt am besten mit eurer Kindheit an. Verluste, Krankheiten, Umzüge, vermasselte Prüfungen – schreibt alles auf, was euch einfällt, auch das, was euch in der damaligen Situation am meisten geholfen hat.
So sammeln wir nicht nur Techniken, die wir in der nächsten Stresssituation womöglich bewusst nutzen können, sondern schaffen auch ein Bewusstsein über die eigene Resilienzfähigkeit.

6

Warum wir uns wie Hochstapler*innen fühlen – manchmal zumindest

„Oh Mann, der Impostor schon wieder!" Als ich den Satz aus dem Mund meiner Kinder hörte, dachte ich, jetzt habe ich wirklich zu viel über mein Schreiben gequatscht. Es stellte sich aber heraus, dass sie über das Online-Spiel „Among Us" gesprochen hatten, bei dem es darum geht, eine Person der Hochstapelei zu überführen. Aber ich muss euch enttäuschen, in diesem Kapitel geht es nicht um ein Online-Game, sondern um ein Gefühl, das vermutlich fast alle kennen.

Ich habe kein Abitur, kein Hochschulstudium, arbeite aber seit vielen Jahren fast ausschließlich mit Menschen zusammen, die Masterarbeiten oder sogar Promotionen geschrieben haben. Und neben ihnen habe ich immer noch das Gefühl, nicht dazuzugehören, Erfolg und Anerkennung nicht verdient zu haben, weil ich schließlich nicht so richtig gelernt habe, was ich da tue. Und schlimmer noch: das Gefühl, „entlarvt" zu werden.

Was Imposter-Gefühle mit uns machen

Anfangs habe ich alles darangesetzt, dass möglichst niemand weiß, dass ich eigentlich Kinderpflegerin bin. Bei Gesprächen über Uni-Anekdoten und Auslandssemester habe ich mich regelmäßig in Luft aufgelöst, Business-Begriffe habe ich in Meetings heimlich unter dem Tisch nachgelesen, um mitreden zu können – ständig begleitet von der Angst, erwischt zu werden. Lange dachte ich, das ist normal so als Quereinsteigerin, und ich habe auch mit niemandem darüber gesprochen. Bis ich vor einigen Jahren zum ersten Mal etwas über das Impostor-Syndrom gelesen habe.

Der Begriff beschreibt das Phänomen, dass Betroffene massive Selbstzweifel haben, was ihre eigenen Fähigkeiten und Leistungen betrifft. Zudem fällt es ihnen schwer, ihre persönlichen Erfolge zu internalisieren. Sie werden als Betrug wahrgenommen, und die Angst, als Hochstapler*in enttarnt zu werden, kann deshalb mit jedem Erfolg größer werden.

Das Impostor-Syndrom haben erstmals 1978 zwei US-amerikanische Psychologinnen, Pauline R. Clance, Suzanne A. Imes, beschrieben, in ihrem Artikel „The Imposter Phenomenon in High Achieving Women: Dynamics and Therapeutic Intervention". Die Überschrift lässt vermuten, dass das Impostor-Syndrom nur bei Frauen vorkommt, aber mittlerweile ist klar, dass das nicht der Fall ist. Allerdings sind statistisch gesehen mehr Frauen von diesem Phänomen betroffen. Das wiederum liegt vor allem an der gesellschaftlichen und sozialen Prägung, so schreiben die Wissenschaftlerinnen: „Bestimmte frühe Familiendynamiken und die spätere Übernahme gesellschaftlicher Geschlechtsrollenstereotypen scheinen wesentlich zur Entwicklung des Hochstapler-Phänomens beizutragen."

Als einzige Frau in einer Führungsposition, als einzige Person mit Behinderung im Unternehmen, als einziger Mensch mit Migrationshintergrund im Team, als einzige Mitarbeitende ohne Abitur, kann logischerweise das Risiko steigen, sich nicht zugehörig und im Zuge dessen als Hochstapler*in zu fühlen. Fehlende Diversität verstärkt Impostor-Gefühle.

Es wird davon ausgegangen, dass mehr als 70 Prozent aller Menschen einmal oder öfter in ihrem Leben das Impostor-Syndrom kennenlernen. Eine meiner Mentees erzählte mir einmal, wie schwer es für sie sei, sich nicht als Hochstaplerin zu fühlen, wenn sie – als Fachexpertin und sehr junge Frau – Vorträge halte. Sie war dann vollkommen überrascht, als ich ihr berichtete, dass ich diese Gedanken auch noch immer habe. „Oh nein!", antwortete sie. „Ich dachte, das hört irgendwann auf!"

Im Gegenteil. Womöglich wird das Impostor-Syndrom mit der Zeit sogar präsenter. So wie die Höhenangst stärker wird, je weiter es nach oben geht. Aber was in der Regel auch stärker wird, ist das Selbstbewusstsein.

Sonja Rohrmann, Professorin für Psychologie an der Goethe-Universität in Frankfurt, erklärt in ihrem Buch *Wenn große Leistungen zu großen Selbstzweifeln führen*, dass das

Effektivste im Umgang mit dem Impostor-Syndrom ist, erst einmal anzuerkennen, dass es existiert, und uns darüber bewusst zu werden, was wir da fühlen. Sie rät im Übrigen davon ab, den Begriff „Hochstapler-Syndrom" zu nutzen, weil „Impostor" streng genommen kein „Syndrom" ist – dieser Begriff beschreibt medizinisch gesehen eine Kombination von Symptomen, mit denen sich eine Krankheit abbildet. Impostor ist aber keine Krankheit, sondern eher eine Art Persönlichkeitsmerkmal. Und das kann sogar als Skill genutzt werden.

Mein Impostor ist an guten Tagen mittlerweile tatsächlich etwas, das mich antreibt. Die Zweifel helfen mir, mich selbst zu reflektieren, und sie verhindern sehr verlässlich, dass ich mich irgendwann selbst überschätze oder abhebe. Aber an nicht so guten Tagen, wenn das Impostor mir wieder mal sagt, was ich alles nicht kann, muss ich mich daran erinnern: Mache ich mich selbst klein, werden die Probleme oder Herausforderungen um mich herum automatisch immer größer.

Menschen, die sich ständig hinterfragen, vermeiden Situationen, denen sie sich nicht gewachsen fühlen. Aber nicht jedes Gefühl entspricht der Realität. Wenn mein Impostor der Meinung ist, ich bin nicht gut genug, muss das nicht unbedingt richtig sein. Daraus kann Prokrastination oder Perfektionismus entstehen: Entweder ich versuche die Situation zu vermeiden und dem Problem aus dem Weg zu gehen, oder ich will es unbedingt so perfekt machen, dass es meinen eigenen Ansprüchen genügt, dass ich es gut genug finde – was natürlich nie der Fall ist. Menschen mit ausgeprägtem Impostor verschenken dadurch Potenzial oder erledigen manchmal auch banale Aufgaben übergründlich. Sie haben permanent das Gefühl, ihre Kompetenz beweisen zu müssen, vor allem sich selbst gegenüber. Das kann so weit gehen, dass phasenweise nur noch die eigene Leistung, die Arbeit zählt. Auf Dauer kann das zu Schlafstörungen, Depressionen und Burn-out führen.

Mittlerweile konnte nachgewiesen werden, dass geringes Selbstvertrauen und Selbstwertgefühl unsere Gesundheit schwächen können. Angela Clow, Professorin für Psychiatrie an der Westminster University, stellte fest, dass das Selbstwertgefühl direkten Einfluss darauf hat, wie oft sich Athlet*innen verletzen, und auch, wie schnell sie sich von Verletzungen erholen. Psychischer Stress kann nachweislich das Gleichgewicht unseres Immunsystems beeinflussen.

Wie schaffen wir es also, dass Impostor-Gefühle nicht in psychischen Stress ausarten? Das Selbstmitgefühl ist dafür ein wichtiger Schlüssel. Und das meint auch Mitgefühl mit dem Impostor. Mir hilft es, wenn ich mir das Impostor als kleines Männchen vorstelle – das mag nicht für alle passend sein, aber dem Ganzen ein Gesicht und vielleicht sogar einen Namen zu geben hilft im Umgang – erinnert ihr euch noch an das Rumpelstilzchen aus Kapitel 3? Das kleine Männchen ist bei mir nicht nur das Impostor, sondern auch die innere kritische Stimme. Etwas, das mich begleitet und vermutlich immer begleiten wird.

Wir alle kennen diese innere Stimme, die oft wahnsinnig gemein, urteilend und diskriminierend sein kann. Sätze, die wir vermutlich nie zu einer anderen Person sagen würden, sind in unserem eigenen Kopf schon fast Alltag. „Warum hast du das nicht hingekriegt? Kein Wunder, dass dich niemand ernst nimmt! Die anderen schaffen es, aber du nicht! Warum redest du schon wieder solchen Quatsch? Wie siehst du heute wieder aus? Du bist eben nicht fleißig genug! Andere sind viel klüger als du!" Ich könnte hier unzählige gemeine Sätze aufschreiben, die an manchen Tagen fast wie ein fester Soundtrack durch meinen Kopf gehen.

Die US-amerikanische Autorin Tara Mohr gibt in ihrem Buch *Playing Big* den Tipp, dieser inneren kritischen Stimme einen Namen zu geben und sich sogar auszumalen, wie er oder sie aussieht. Bei mir heißt das Männchen einfach Impostor, und ich habe es mittlerweile sogar ein bisschen lieb gewonnen, weil ich verstanden habe, dass es mir nichts Böses will, sondern mich eigentlich schützen möchte. Und deshalb reicht es oft schon, wenn ich zu dieser inneren Stimme sage: „Danke, ich hab das im Griff!" Spätestens dann ist das Impostor wieder so klein, dass ich es an der Hand nehmen kann und wir gemeinsam den nächsten Schritt gehen können.

Diese innere kritische Stimme ist nämlich da, um uns zu schützen. Damit wir uns nicht selbst überschätzen und dadurch in Gefahr begeben, bewacht sie unsere Grenzen und will alles tun, damit wir bloß nicht auf die Idee kommen, sie zu überschreiten, und uns damit auf unsicheres Terrain begeben. Aber manchmal ist es wichtig, ein Stück über die eigenen Grenzen hinauszugehen oder zumindest zu testen, ob sie noch richtig gesetzt sind oder wir vielleicht gewachsen sind.

Wie uns ein innerer Förderverein helfen kann

Die innere kritische Stimme ist quasi die Abteilung Risikomanagement und will auf Nummer sicher gehen. Und wenn wir versuchen, sie ruhigzustellen oder zu ignorieren, wird sie nur panisch und damit noch gemeiner und lauter. Was viel besser hilft, ist, sie zu beruhigen: „Danke für deine Vorsicht. Ich weiß, du willst auf mich aufpassen. Aber ich krieg das allein hin."

Ein eigenes Risikomanagement zu haben ist doch ziemlich gut, oder? Aber es braucht auch andere Bereiche. Ich würde mir wünschen, dass wir eine Art inneren Aufsichtsrat oder, weil ich das Wort noch passender finde, einen inneren Förderverein zusammenstellen. Die Rolle des Impostor und der inneren kritischen Stimme haben wir schon gelernt: Risikomanagement. Und das ist wichtig. Aber wen brauchen wir noch für unseren eigenen inneren Förderverein?

Auf jeden Fall Ressourcenmanagement. Eine innere Stimme, die darauf achtet, ob es uns gut geht. Ob alle Ressourcen da sind, die wir brauchen. Eine Funktion, die dafür verantwortlich ist, zu prüfen, ob wir die nötige Energie haben, ausreichend Schlaf bekommen, physisch und psychisch gesund sind – und uns im Zweifelsfall signalisiert, wie wir die Ressourcen wieder auffüllen.

Dann benötigt es für den inneren Förderverein auch Change Management. Diese Stimme hat dafür zu sorgen, dass wir die richtigen Veränderungen zur richtigen Zeit machen. Die uns dabei hilft, unsere Meinung zu ändern, wenn neue Informationen vorhanden sind und wir uns weiterentwickelt haben. Eine Stimme, die uns ermutigt, zu wachsen und weiterzuentwickeln.

Auch Relationship Management sollte Teil unseres inneren Fördervereins sein. Eine Funktion, die uns vor allem dabei hilft, eine gute Beziehung zu uns selbst zu haben, und uns auch darin unterstützt, gute Beziehungen zu anderen aufzubauen und sie zu pflegen. Arbeitsbeziehungen genauso wie Freundschaften und familiäre Beziehungen.

Jeder Förderverein braucht natürlich ebenso Kommunikationsmanagement. Eine innere Stimme, die uns dabei unterstützt, richtig zu kommunizieren, verbal und nonverbal. Die uns darin bestärkt, Dinge zu verstehen, manchmal auch zu hinterfragen. Eine Stimme, die uns ermutigt, zu diskutieren, Antworten zu finden, aktiv zuzuhören. Denn hören wir anderen zu, haben wir die Chance, etwas Neues zu lernen.

Und selbstverständlich kann der innere Förderverein bei dem ein oder anderen Projekt unter Zuhilfenahme von externen Berater*innen ergänzt werden. Bei schwierigen Projekten, Herausforderungen oder Entscheidungen überlege ich: Was würde mir die oder jene Person jetzt raten? Je nach Situation kann das eine Expertin, ein Kollege, eine Freundin sein. Ziemlich grandios: Ich kann mir in meinem inneren Förderverein auch Beraterinnen wie Michele Obama dazuholen.

So hilft er mir oft weiter. Ich habe gelernt, dass mein Impostor und meine innere kritische Stimme eine wichtige Funktion in diesem Gremium haben – aber, dass es auch andere Stimmen gibt. Dieses Modell mag sich im ersten Moment etwas merkwürdig anfühlen, aber probiert es einfach mal aus und überlegt, wen ihr gerne in eurem persönlichen inneren Aufsichtsrat oder Förderverein hättet.

Dabei geht es nicht darum, sich künstlich etwas zu überlegen, was sich unpassend anfühlt. Es geht vielmehr darum, eine Balance zu finden. Die innere kritische Stimme so zu ergänzen, dass es sich nicht mehr anfühlt, als würden wir ständig gegen uns selbst kämpfen.

Wenn wir nämlich nicht mehr gegen uns selbst ankämpfen, wenn wir aufhören, unseren Impostor zu vertreiben und die innere kritische Stimme zu ignorieren, können wir lernen, freundlich mit uns selbst zu sprechen. Das funktioniert tatsächlich ziemlich gut. Für unsere Freund*innen haben wir meist guten Rat, bestärken sie, sprechen ihnen Mut zu. Wenn wir sie kritisieren, dann meist wertschätzend und konstruktiv. Und vor allem würden wir mit ihnen nie so sprechen, wie wir es manchmal mit uns selbst tun.

Deshalb ist das ein Tipp, den ich bisher allen Mentees von mir mitgegeben habe: Versuche die beste Freundin für dich selbst zu sein. Stell dir vor, wie du mit deiner besten Freundin sprechen würdest, welchen Rat du ihr geben würdest. Wenn sie Gedanken mit dir teilen würde, dass sie sich als Hochstaplerin fühlt, würdest du diese nicht ignorieren, sondern ihr zuhören, und gemeinsam würdet ihr nach Gegenbeweisen suchen. Wenn sie urteilend und zu selbstkritisch mit sich ist, würdest du ihr vermutlich ihre positiven Eigenschaften und Erfolge aufzählen. Und das, was wir für und bei anderen so gut können, sollten wir auch für uns selbst einsetzen.

Genauso ist es mit Role Models. Häufig wird in Medien die Frage aufgeworfen, an welchen Menschen wir uns ein Vorbild nehmen können. Ich kann gar nicht sagen, wie oft ich in Interviews schon die Frage gestellt bekommen habe: „Wer sind deine Role Models?" Natürlich gibt es viele Menschen, die ich bewundere, die mich positiv beeinflusst, von denen ich gelernt habe. Aber ich glaube, wenn wir uns zu stark an Vorbildern orientieren, steigt das Risiko, dass wir zu einer Kopie werden. Deshalb: Wir können auch Role Models für uns selbst sein.

Manchmal spiele ich in Mentoring-Sessions die Herausforderung einer Mentee zurück und frage: „Was würdest du mir denn raten, wenn ich in dieser Situation wäre?" Man könnte vielleicht denken, ich bin eine ziemlich faule Mentorin – und ja, manchmal bin ich das sogar. Aber in dem Fall geht es mir vor allem darum, den Mentees zu zeigen, wie viel Wissen sie schon in sich tragen und dass sie in vielen Situationen auch eine Mentorin für sich selbst sein können. Wenn wir spüren, was wir alles selbst für uns tun können, und lernen, wie wir uns selbst helfen können, steigt die Selbstwirksamkeit – was sich wiederum positiv auf das Selbstvertrauen auswirkt.

Und eine Frage zu spiegeln kann auch dazu beitragen, die Perspektive zu wechseln, die Herausforderung, aber vor allem uns selbst aus einem anderen Blickwinkel zu sehen. Dadurch können wir nachvollziehen, wie uns andere sehen, und wir können so reflektieren, wie wir eigentlich gesehen werden wollen.

Ich habe dadurch verstanden, dass es niemanden gibt, der in mir „nur" eine Kinderpflegerin sieht (abgesehen davon, dass das ein enorm wichtiger und vor allem anspruchsvoller Beruf ist), dass Menschen, wenn sie mir begegnen, nicht denken: Puh, die ist aber dumm, die hat ja nicht mal Abitur! Ich habe verstanden, dass meine innere kritische Stimme nicht unbedingt die Realität widerspiegelt.

Wenn wir uns bewusst mit unserem Impostor und unserer inneren kritischen Stimme auseinandersetzen, kann uns das sogar erfolgreicher machen: Basima A. Tewfik, Assistenzprofessorin an der MIT Sloan School of Management, konnte mithilfe von zwei Studien nachweisen, dass Menschen mit Impostor besser sozial interagieren können als ohne, dadurch Teams erfolgreicher machen und von Führungskräften besonders geschätzt werden. All das kann sich positiv auf die Karriereentwicklung auswirken.

In ihrem Paper „The Impostor Phenomenon Revisited" beschreibt sie, dass Ärzt*innen mit Impostor eine bessere Beziehung zu Patient*innen aufbauen und dadurch bessere Diagnosen stellen können. Sie befragte aber auch Mitarbeitende einer Vermögensverwaltung und konnte feststellen, dass Menschen, die in ihrer Befragung angegeben hatten, Impostor-Gedanken zu haben, von ihren Vorgesetzten als effektiver in der Zusammenarbeit beschrieben wurden.

Und bisher gibt es keine wissenschaftlichen Beweise dafür, dass Impostor-Gefühle unsere beruflichen Leistungen negativ beeinflussen. Sind sie also etwas Gutes? Jein. Es kommt ganz darauf an, wie wir damit umgehen, wie wir uns selbst wahrnehmen und ob wir diese Gefühle als Chance nutzen oder als Nachteil sehen.

Impostor-Gefühle und die innere kritische Stimme begleiten fast alle Menschen. Aber nur wenige finden einen Weg, sie bewusst wahrzunehmen und zu nutzen. Wenn wir dem Impostor und der inneren kritischen Stimme Mitgefühl entgegenbringen, haben wir nicht nur die Chance, beruflich erfolgreicher zu sein, sondern vor allem auch, bessere Beziehungen zu führen.

Innerer Förderverein

Die ständige Angst, der Hochstapelei überführt zu werden, kann zermürben – auch wenn diese Sorge unbegründet ist. Kommt noch die innere kritische Stimme dazu, ist es besonders schwer, ruhig zu bleiben. Aber sobald wir versuchen, sie auszuschließen, wird sie noch lauter. Dagegen helfen kann, sie als Teil unseres inneren Fördervereins zu nutzen. Wie würde euer Förderverein aussehen? Mit wem wären die Rollen besetzt? Versucht, die Positionen konkret zu besetzen. Gibt es Personen aus eurem Leben, aus eurer Vergangenheit, die ihr bewundert? Hier die Posten:

Risikomanagement:
Diesen Job übernimmt meist schon die innere kritische Stimme gemeinsam mit dem Impostor.

Ressourcenmanagement:
Wer könnte besonders gut auf eure Ressourcen achten?

Change Management:
Welche Person kann bei Veränderung unterstützen?

Relationship Management:
Wer kann uns helfen, Beziehungen zu pflegen?

Kommunikationsmanagement:
Welche Person setzt sich hier für uns ein? Welche externen Berater*innen würdet ihr euch gerne dazuholen?

Euer innerer Förderverein kann euch dabei helfen, den Impostor auszugleichen, und als Beratungs- und Unterstützungsgremium dienen.

7

Warum wir Mitgefühl mit uns selbst haben sollten, um Empathie zu leben

Der Titel dieses Buchs ist ja ein bisschen doppeldeutig. Mit „MitGefühl" wollte ich ausdrücken, dass wir mit Gefühl besser zusammenarbeiten können, dass wir mit Gefühl resilienter sind, dass wir mit Gefühl selbstbewusster, erfolgreicher und vor allem glücklicher werden können.

Aber Mitgefühl ist auch ein Synonym für Empathie. Empathie ist eine der wichtigsten Eigenschaften in unserer Gesellschaft und unserer Arbeitswelt, und entgegen der Annahme, es gäbe eben empathische und unempathische Menschen, kommen wir alle mit Empathie auf die Welt und lernen oder verlernen sie im Laufe unseres Lebens. Es wird keine nachhaltige Veränderungen geben, wenn wir nur ein Bewusstsein über unsere eigenen Emotionen entwickeln. Es geht auch immer um die Menschen um uns herum – ob wir mit ihnen arbeiten, zusammenleben oder sie vielleicht nur noch in unserem Kopf Teil unseres (Arbeits-)Lebens sind. Weil es nicht nur auf uns und unsere eigenen Gefühle ankommt, sondern ebenso auf die der anderen und darum, welche Emotionen unser Verhalten bei anderen auslöst, wie unsere Emotionen interagieren.

Und trotzdem fangen wir erst einmal wieder bei uns selbst an. Denn wir können erst dann gesunde Empathie für andere empfinden, wenn wir empathisch mit uns selbst sein können. Die Beziehung zu uns selbst ist nun mal die bedeutendste und längste, die wir haben. Wir sind der wichtigste Mensch in unserem Leben, und wir können zum großen Teil selbst entscheiden, ob sich das gut oder weniger gut anfühlt. Oder auch, wie gut es sich anfühlen darf.

Kürzlich musste ich in einer ohnehin schon stressigen Woche zu einer Konferenz nach Düsseldorf reisen, kam erst abends an und wollte direkt noch zur Networking-Veranstaltung. Dann aber musste ich eine E-Mail nach der anderen beantworten, und schließlich war es zu spät für das Event. Also ging ich allein essen, und das war unerwartet wunderbar. Alleinsein hat nichts mit Einsamkeit zu tun, und manchmal ist es so wichtig, mit uns selbst allein zu sein. Ich saß also allein in der Abendsonne auf einer Terrasse, an einem Tisch mit grandiosem Ausblick über die Stadt, das Essen war unglaublich lecker, und ich war so dankbar über diesen unverhofften Abend mit mir selbst.

Als ich später von dieser Terrasse ein Bild auf Instagram postete, schrieb ich dazu: „Dinner mit dem wichtigsten Menschen in meinem Leben. Mit mir ❤" – und verlor innerhalb kürzester Zeit eine signifikante Zahl von Follower*innen. Ich erzähle das nicht, weil mir die Zahl meiner Insta-Followings besonders wichtig ist, sondern weil ich erstaunt war, wie viele Menschen diesen Post wohl als selbstverliebt oder arrogant wahrgenommen haben und mir vermutlich deshalb entfolgt sind.

Warum hat Selbstliebe bei uns so ein schlechtes Image? Warum wird von uns erwartet, unsere Familie, unsere Freunde und sogar unseren Job zu lieben, aber bitte bloß nicht uns selbst? Warum sind Selbstkritik und Selbstdisziplin so viel anerkannter und teilweise sogar mehr erwünscht als Selbstliebe und Selbstmitgefühl? Warum wird „selbstverliebt" als Schimpfwort benutzt?

Mit Selbstliebe meine ich nicht die toxische Positivität oder Selbstoptimierung, die oft in den Medien vorgelebt wird. Es ist fast unmöglich, sich selbst und seinen Körper dauerhaft zu lieben. Auch hier ist Selbstmitgefühl viel realistischer und gesünder. Es ist absolut okay, sich mal schlecht zu fühlen, an Tagen in den Spiegel zu schauen und sich nicht leiden zu können, genervt von sich selbst zu sein. Oft sind es auch Emotionen wie Scham, Wut oder Ekel, die wir empfinden, wenn wir über uns selbst nachdenken oder uns selbst sehen. Diese Emotionen zu verdrängen oder sich dafür zu verurteilen macht es nur noch schlimmer. Mitgefühl ist die Devise.

Und dann gibt es sicher Momente, Situationen, Phasen, in denen wir uns wirklich selbst lieben können. Neulich schickte mir eine ehemalige Arbeitskollegin und mittlerweile sehr enge Freundin eine Nachricht. Obwohl sie nach außen sehr selbstsicher wirkt, war sie immer von starken Selbstzweifeln und Scham geplagt. In der Coronapandemie verlor sie als Selbstständige fast ihre gesamten Aufträge – und einen Großteil ihres Selbstvertrauens. Aber anstatt aufzugeben, hat sie die Monate ohne Aufträge genutzt, um sich Zeit für sich selbst zu nehmen, zu reflektieren, ihre Emotionen wahrzunehmen. Sie entwickelte Mitgefühl für ihre Situation und vor allem für sich selbst. Das hatte einen Dominoeffekt auf fast alle Bereiche ihres Lebens. Sie konnte endlich Empathie für das Mädchen, das sie früher war, empfinden, verurteilte sich für die aktuelle Situation nicht mehr selbst – und bekam schließlich Aufträge, von denen sie vor der Pandemie nicht einmal geträumt hätte.

Aus dem Urlaub schrieb sie mir diese Nachricht: „Ich fühle mich so entspannt und wohl. Keine Komplexe mehr, kein Kampf mehr gegen mich. Einfach nur sein, so wie ich bin. Mit allen Gefühlen. Es ist sooooo geil!"

Wie wir das Märchen vom inneren Schweinehund auflösen

Wir leben in einer Welt, in der Selbstdisziplin als starke Eigenschaft gilt. In der wir gegen unseren „inneren Schweinehund" ankämpfen sollen und es bewundert wird, wenn wir uns bestmöglich selbst kontrollieren und reglementieren können. Eine Welt, in der wir uns gegenseitig erzählen, wie gestresst wir sind und was wir alles machen müssen. Ich denke ja, dass es den inneren Schweinehund gar nicht gibt und auch nicht geben sollte. Wie schlimm ist die Vorstellung, dass wir immer gegen etwas in uns selbst ankämpfen müssen? Davon abgesehen, dass ich zwar Hunde und Schweine mag, aber ein Schweinehund mich wirklich gruselt.

Mittlerweile weiß ich aber, dass es den Impostor gibt, genauso wie die innere kritische Stimme und vielleicht auch ein inneres Kind, das manchmal einfach Angst hat. Deshalb brauchen wir nicht mehr Selbstdisziplin, sondern mehr Selbstmitgefühl.

Und das hat auch oft mit Selbstverantwortung zu tun. Wir haben die Verantwortung, für uns zu sorgen, und viel zu oft denken wir, dass das egoistisch wäre. Aber wenn wir uns nicht gut um uns selbst kümmern, können wir das auch nicht für andere tun. Nicht umsonst wird bei Sicherheitsansagen in Flugzeugen immer darauf hingewiesen, sich selbst zuerst die Sauerstoffmaske aufzusetzen, bevor man versucht, anderen Menschen zu helfen. Und genau das gilt nicht nur für Flugzeuge und nicht nur für Sauerstoff.

Kristin Neff, Professorin für menschliche Entwicklung an der University of Texas, schreibt in ihrem Buch *Selbstmitgefühl. Wie wir uns mit unseren Schwächen versöhnen und uns selbst der beste Freund werden*, dass Menschen, die mehr Selbstmitgefühl haben, seltener zu Depressionen neigen und tendenziell glücklicher und optimistischer durchs Leben gehen und auch ihre Ziele besser erreichen können.

Probiert mal aus, was es für einen Unterschied macht, eigene Ziele nicht mit „Ich muss …", sondern „Ich will …" zu formulieren. Nicht: „Ich muss mehr Sport machen!", sondern: „Ich will mich besser um meinen Körper kümmern und deshalb mehr Sport machen." Nicht: „Ich muss mich besser organisieren!", sondern: „Ich will mir mehr Klarheit und Struktur geben und mich deshalb besser organisieren."

Das macht einen großen Unterschied – ich habe selbst festgestellt, wie viel leichter sich Ziele so erreichen lassen.

Wie wir Gefühle spiegeln

Aber wie entwickeln wir gesunde Empathie für uns selbst und andere? Was bedeutet das überhaupt? Die Definition von Empathie im Duden zeigt auf eher ernüchternde Weise, welche Bedeutung sie in unserer Gesellschaft hat. Dort steht: „Empathie – Bereitschaft und Fähigkeit, sich in die Einstellungen anderer Menschen einzufühlen." Relativ leidenschaftslos, oder? Dabei stammt das Wort „Empathie" vom griechisch *empatheia*, was mit „Leidenschaft" übersetzt wird.

Wir haben die angeborene Fähigkeit, Gefühle nachzuempfinden, zu spiegeln. Manchmal sagen wir laut „Aua", wenn wir sehen, wie sich eine andere Person verletzt. Wir leiden in Filmen mit den handelnden Figuren mit, wir können die Angst fühlen, fast so, als würde es uns selbst gerade passieren. In den letzten fünfundzwanzig Jahren haben sich Neurowissenschaftler*innen intensiv mit dem Phänomen von Spiegelneuronen auseinandergesetzt. Sie haben herausgefunden, dass das Beobachten einer Person, die Schmerzen erlebt, dieselben neuronalen Netzwerke in unserem Gehirn stimulieren kann, die aktiviert sind, wenn wir selbst Schmerzen empfinden.

Die Fähigkeit zu Empathie ist in unserem Gehirn schon bei unserer Geburt angelegt, und auch evolutionär macht das Sinn. Wir haben seit Frühzeiten in Gruppen gelebt, und es war wichtig, aufeinander zu achten und sich umeinander zu sorgen. Sei es beim Kümmern um den Nachwuchs oder beim Teilen von Essen. Empathie war seit jeher nützlich für unser Überleben, weil sie uns die Möglichkeit gibt, einander zu helfen und die Gruppenzugehörigkeit zu stärken.

In ihrer Studie „Social Evaluation by Preverbal Infants" untersuchten Psycholog*innen der Yale University 2007 die Empathiefähigkeit von Babys und konnten nachweisen, dass drei- bis neunmonatige Säuglinge freundliches und soziales Verhalten bevorzugen. In einem weiteren Experiment zeigte man Babys im Alter zwischen sechs und zehn Monaten ein Spiel mit einfachen Formen: ein roter Kreis, der versuchte, einen Hügel hochzukommen, wobei ein gelbes Dreieck ihn immer wieder hinunterschubste. Ein blaues Quadrat eilte dem roten Kreis zu Hilfe, indem es sich hinter ihn stellte und ihn nach oben schob. Nach der Vorführung durften sich die Kleinkinder eine Form aussuchen. Mehr als drei Viertel der Kinder wählte das blaue Quadrat.

Als Kinderpflegerin habe ich hauptsächlich mit Kindern bis zu drei Jahren gearbeitet. Ich war oft beeindruckt von der Empathiefähigkeit, die sie hatten, selbst wenn sie noch gar nicht sprechen und schon gar nicht verstehen konnten, was Empathie ist. Wurde ein Baby unruhig, wurde es von einem anderen Kleinkind gestreichelt. Schaffte es ein Kind noch nicht allein aufs Bobbycar, kam ein anderes, um ihm hinaufzuhelfen. Weinte ein Kind, weinte schnell ein anderes mit. Aber auch wenn eines schallend lachte, lachten selbst die kleinen Babys mit – ohne zu begreifen, worum es ging.

In den sozialen Netzwerken lässt sich gerade ein Trend ausmachen: Eltern spielen ihren Kleinkindern ein lautes Lachen eines anderen Kindes vor, und dabei filmen sie ihren eigenen Nachwuchs. Und während man auf den Videos sieht, wie die Babys nur aufgrund des Geräusches mitlachen, muss man meist selbst lachen. Emotionen können eben ansteckend sein.

Emotionalität ist die Basis, um Empathie zu trainieren. Obwohl Empathie in unseren Gehirnen angelegt ist und bei Kindern fast immer stark ausgeprägt ist, verliert sich das bei einigen Menschen von Jahr zu Jahr. Selten sind es bestimmte Ereignisse, die dazu führen, in den meisten Fällen hat dies mit dem fehlenden Raum für Emotionen zu tun und mit unserer gesellschaftlichen Erwartungshaltung.

Kinder dürfen noch emotional sein. Aber je älter sie werden, desto weniger ist es akzeptiert. In der Schule lernen sie zu funktionieren, still zu sein, vernünftig zu sein, lernen Sprachen und Naturwissenschaften – aber sie lernen fast nichts über unsere Emotionen. Wird über eine Person gesagt, dass sie sehr „erwachsen" ist, hat das in der Regel nichts mit Emotionen zu tun.

Was Empathie für die Arbeitswelt bedeutet

Für Empathie ist es aber elementar, Emotionen nachzufühlen beziehungsweise mitzufühlen. Die Fähigkeit, unsere eigenen Gefühle wahrzunehmen und verschiedene

Emotionen präzise zu benennen, hilft uns, empathisch zu sein. Je mehr wir mit unseren eigenen Emotionen verbunden sind, desto größer ist unsere Fähigkeit, mit anderen zu fühlen. Doch wenn wir manche Emotionen gar nicht mehr erkennen, weil uns beigebracht wurde, sie möglichst zu ignorieren, wird es schwierig, sie bei anderen wahrzunehmen. Und so verlernen wir manchmal die Empathie, die uns angeboren ist.

Aber genau diese Fähigkeit ist die Grundlage von Beziehungen. Nicht nur im romantischen Sinn, sondern für Beziehungen jeder Art – auch Arbeitsbeziehungen. Wann immer wir mit anderen Menschen arbeiten, ist die Bereitschaft und Fähigkeit, sich in andere einzufühlen, besonders wichtig. Wenn wir verstehen, wie sich Kund*innen fühlen, können wir unsere Angebote dementsprechend anpassen. Wenn wir nachvollziehen können, wie sich Kolleg*innen fühlen, verbessert sich die Teamarbeit. Wenn wir mit Mitarbeitenden mitfühlen können und ihre Bedürfnisse begreifen, haben wir die Chance, sie gezielter und individueller zu fördern.

Wichtig ist dabei, erst einmal wirklich zuzuhören und mitzufühlen. Vor einiger Zeit schrieb mir eine Freundin, die sich in einer herausfordernden emotionalen Situation befand. Ich habe ihr geantwortet und sofort vermeintliche Lösungen vorgeschlagen, eine nach der anderen. Bis sie gemeint hat: „Ich wollte eigentlich gerade gar keine Lösung. Ich wollte einfach meine Gefühle mit dir teilen."

Um empathisch zu sein, müssen wir Raum für Gefühle schaffen – für unsere eigenen und die unserer Kolleg*innen. Das bedeutet nicht, allen Emotionen unkontrolliert freien Lauf zu lassen. Sonst kann auch schnell der Effekt des Oversharing entstehen. Der tritt ein, wenn eine Person in einer bestimmten Situation unpassend viel Persönliches über sich selbst mitteilt und sich das Gegenüber dadurch unwohl fühlt. Aber die Grenze zwischen Gefühlsoffenheit und Oversharing verläuft fließend und kann sich auch mit der Zeit verschieben. Vor einigen Jahren war es zum Beispiel noch ein absolutes Tabu, über mentale Gesundheit zu sprechen – gerade im Arbeitskontext. Es ist gut, dass sich diese Grenze verschoben hat.

Natürlich ist jede Grenze sehr individuell. Was für die eine Person genau das richtige Maß an Emotionalität, Gefühlsoffenheit und Empathie sein kann, kann sich für eine andere Person schon komplett überfordernd anfühlen. Und um die richtige Grenze für das jeweilige Gegenüber zu finden – dabei hilft … Empathie. Es ist wichtig, dass wir unser Gegenüber bewusst wahrnehmen und auf Mimik und Gestik achten. Nur so können wir den anderen auch verstehen, oder es wenigstens versuchen.

Bei neuen Kolleg*innen ist das oft besonders herausfordernd. Man kennt sich noch nicht wirklich, man weiß nicht, wie offen die Person mit den eigenen Emotionen umgeht. Ich achte deshalb darauf, gerade am Anfang einen möglichst lockeren Rahmen für Gespräche zu finden. Bei einem Kaffee, vielleicht an einem eher öffentlichen Ort. Mir ist es auch wichtig, neue Mitarbeitende nicht gleich mit Fragen zu konfrontieren, ganz egal ob beruflich oder persönlich – denn auch das kann verunsichern. Was ist die passende Antwort? Was will sie jetzt hören?

Stattdessen erzähle ich erst einmal von mir selbst. Nicht weil ich mich so gerne selbst reden höre, sondern weil das die Möglichkeit gibt, meinem Gegenüber zu zeigen, wie ich selbst mit Emotionen umgehe – nämlich offen. Und gleichzeitig gibt es mir selbst die Chance, zu beobachten, wie die Person reagiert. Ob sich die Körpersprache ändert, ob die Mimik offen oder eher verschlossen ist.

Und hier sind alle Menschen unterschiedlich. Es ist wichtig, dass wir diese Unterschiede wahrnehmen und dieser emotionalen Diversität Raum geben. Dass wir akzeptieren, wenn Menschen eine andere Art haben als wir, ihre Gefühle auszudrücken. Und genau diese Empathie ist auch auschlaggebend, um Inklusion zu leben. Gelebte Inklusion bedeutet, dass sich alle Menschen einbezogen fühlen, ganz egal, wie unterschiedlich sie sein mögen und auch wie unterschiedlich sie ihre Emotionen ausdrücken.

Wenn eine Person emotional ganz anders reagiert, als wir es erwarten oder als wir selbst reagieren würden, ist das oft irritierend. Wir haben dann vielleicht den Impuls, eine Mauer zu bauen, uns abzugrenzen. Mir hilft in diesen Situationen oft Neugier, um statt einer Mauer eine Brücke zu bauen. Ich versuche zu verstehen, was diese Person dazu bewegt haben könnte, so zu handeln. Manchmal können es banale Gründe wie Hunger oder Müdigkeit sein, in anderen Fällen kann es eine soziale, kulturelle und gesellschaftliche Prägung sein, die von meiner eigenen abweicht.

Unsere Prägung kann auch entscheiden, wem wir überhaupt Empathie entgegenbringen und wer sie nach unserer Meinung verdient hat. Tendenziell sind wir empathischer mit Menschen, die uns ähnlich sind, weil es uns leichter fällt, uns mit ihren Emotionen zu identifizieren.

In seinem Buch *Against Empathy* erklärt Paul Bloom, Professor für Psychologie an der Yale University, warum unsere vermeintliche Empathie nicht immer hilfreich ist. Wie gerade beschrieben, tendieren wir dazu, mehr Mitgefühl mit Menschen zu haben, die uns ähnlich sind, die unseren Erwartungen entsprechen. Das kann aber davon ablenken, Empathie für Menschen zu empfinden, die sie vielleicht viel eher benötigen. Zahlreiche Experimente zeigen, dass wir mit Menschen, die dieselbe Hautfarbe haben wie wir, mehr Mitgefühl empfinden als mit jenen, die eine andere Hautfarbe haben – und das ist nicht immer gut.

Bloom beschreibt in seinem Buch außerdem, dass Empathie auch belasten kann. Wenn wir ständig die Gefühle anderer Menschen aufnehmen und nachempfinden, kann das anstrengend sein und uns sogar selbst schaden. Versuchen wir im beruflichen Kontext, mit allen Kolleg*innen empathisch zu sein, kann das unsere mentale Gesundheit beeinflussen und uns im Extrem sogar arbeitsunfähig machen. Genauso kann uns persönliche Empathie mit einem einzelnen Menschen dazu verleiten, das große Ganze aus dem Blick zu verlieren. Wenn uns Mitarbeitende Sorgen oder Ängste anvertrauen, hilft es weder ihnen noch uns, geschweige denn dem Team, wenn wir nur stark mitfühlen.

Intelligente Empathie ist deshalb der richtige Weg – egal ob in der Arbeit oder im Privaten. Wir sollten nachfühlen, was eine andere Person empfindet, aber nicht in diesem Gefühl verharren, sondern die Informationen nutzen, um zu entscheiden, was die sinnvollste Reaktion in der jeweiligen Situation sein könnte. In ihrer einfachen Form hilft uns Empathie, Emotionen bei anderen zu erkennen und auch die Perspektive anderer Menschen auf eine Situation zu verstehen. Bewusst trainierte Empathie kann uns ermöglichen, auf die Situation zu reagieren und Lösungen zu finden.

In der Psychologie wird zwischen kognitiver, emotionaler und mitfühlender Empathie unterschieden. Kognitive Empathie ist die Fähigkeit, zu verstehen, was eine andere Person fühlen könnte. Bei emotionaler Empathie geht es um das Erfassen von Emotionen einer anderen Person. Bei der mitfühlenden Empathie werden Maßnahmen ergriffen, um andere Menschen zu unterstützen.

Alle, die mit Menschen zusammenarbeiten, profitieren davon, ihre Empathie in allen diesen drei Bereichen zu trainieren. Das kann dazu beitragen, Vertrauen aufzubauen, Ehrlichkeit und Offenheit zu entwickeln, das Teamgefühl zu stärken und dadurch erfolgreicher zu werden.

Am wertvollsten ist Empathie dann, wenn sie mit Handeln verbunden ist, wenn sie genutzt wird, um Dinge zu verbessern, sich gegenseitig zu unterstützen. Empathie kann dabei helfen, die Welt aus verschiedenen Perspektiven zu sehen und diese diversen Blickwinkel zu nutzen, um Lösungen zu finden. Persönlich, beruflich und gesellschaftlich.

Empathie ist uns angeboren. Wir können sie trainieren wie einen Muskel und weiterbilden, wenn wir Raum für Emotionen schaffen und in erster Linie Mitgefühl mit uns selbst entwickeln.

Streitgespräch

Mitgefühl mit anderen zu haben ist im Streit besonders herausfordernd. Oft können uns aber genau solche Situationen helfen, unsere Empathie zu trainieren. Das direkt zu tun ist eher etwas für Fortgeschrittene – und auch dann fast unmöglich.

Aber im Nachhinein können wir Streitgespräche nutzen, um Mitgefühl für uns selbst zu haben und die Gefühle des anderen oder der anderen besser zu verstehen.

Erinnert euch an einen vergangenen Streit (eine hitzige Diskussion, aber nichts Lebensveränderndes), an eine unterschiedliche politische Ansicht, eine abweichende Bewertung eines Projekts oder an konträre Herangehensweisen.

Versetzt euch in die Situation zurück und spürt nach, wie ihr euch selbst gefühlt habt:

Wie war eure Körpersprache?
Welche Emotionen habt ihr bei euch wahrgenommen?
Wie haben sich die Gefühle im Verlauf der Situation verändert?
Was hat zu diesen Emotionen geführt?
Welche Erfahrungen, Prägungen, Einflüsse könnten dazu geführt haben, dass ihr diese Meinung vertreten habt?

Und jetzt versetzt euch in die gleiche Situation – aber als euer Gegenüber – und stellt genau diese Fragen:

Wie war die Körpersprache der anderen Person?
Welche Emotionen könnte die andere Person empfunden haben?

Wie könnten sich die Gefühle der Person im Verlauf der Situation verändert haben?
Was könnte bei der Person zu diesen Emotionen geführt haben?
Welche Erfahrungen, Prägungen, Einflüsse könnten dazu beigetragen haben, dass die Person diese Meinung vertreten hat?

Oft sind wir nur erleichtert, wenn wir aus Streitsituationen wieder raus sind. Allerdings können gerade diese emotional aufgeladenen Gespräche uns sehr dabei helfen, unsere Empathie zu trainieren.
Wenn wir uns solche Situationen noch mal mit Neugier anschauen, haben wir die Chance, nicht nur uns selbst besser zu verstehen und Mitgefühl mit uns zu haben, sondern auch Empathie für unser Gegenüber zu entwickeln.
Und das muss nicht heißen, dass wir der anderen Person recht geben, sondern dass wir versuchen, mit ihr mitzufühlen.

8

Warum Gefühle einen Gender Bias haben

Mittlerweile wissen wir, dass es mehr als zwei Geschlechter gibt, die binären Schubladen von Mann und Frau sind veraltet. Genau darum soll es in diesem Kapitel gehen. Wenn ich im Nachfolgenden von „Männern" und „Frauen" schreibe, soll das genau diese Stereotypen ausdrücken und deutlich machen, wie sie uns allen schaden.

„Brüllen Frauen, sind sie hysterisch. Brüllen Männer, sind sie dynamisch", so lautet ein berühmtes Zitat von Hildegard Knef. Weinen scheint eine der häufigsten Assoziationen zu Emotionalität zu sein und wird vor allem im beruflichen Kontext von vielen als vollkommen unpassend empfunden. Aber brüllende Chefs waren über Jahrzehnte akzeptiert, oft sogar besonders respektiert.

Vor nicht allzu langer Zeit hatte ich selbst einen Chef, der dafür bekannt war, täglich von seinem Einzelzimmer ins Großraumbüro zu stürmen, um Mitarbeitende anzubrüllen, die aus seiner Sicht einen Fehler gemacht hatten. Oder er machte sich in Konferenzen vor dem versammelten Team abfällig über anwesende Kolleg*innen lustig. Respektiert war das zwar schon damals nicht mehr, aber etwas dagegen getan hat leider auch niemand. Und das schließt mich ein.

Ich selbst hatte in diesem Arbeitsverhältnis oft Versagensängste, Panik und große Selbstzweifel. Wurden diese Emotionen besonders stark, sperrte ich mich auf der Toilette ein, um zu weinen. Ich schämte mich für meine Emotionen – ganz im Gegensatz zu meinem Chef, der seine Gefühle ganz offensichtlich freien Lauf ließ.

Uns wird oft suggeriert, dass Frauen emotionaler sind als Männer. Doch nicht nur meine damalige Arbeitssituation zeigt, dass das nicht der Fall ist. Ich kenne so viele gefühlvolle, emotionale und empathische Menschen, und ich bin davon überzeugt, dass Unterschiede im Umgang mit Emotionen nicht am jeweiligen Geschlecht, sondern an der gesellschaftlichen, kulturellen und sozialen Prägung liegen.

Wurden Frauen als emotional beschrieben, benutzte man in der Vergangenheit oft Worte wie „Sensibelchen". War ein Mann „wild", wurde das allgemein eher als positiv konnotiert, bei einer Frau kam das Adjektiv nicht so gut an. Männer mit Familie sind Familienväter – das Wort „Familienmutter" existiert hingegen nicht. Als ich noch mit Kindern gearbeitet habe, war „Indianer kennen keinen Schmerz" immer noch ein gerne genutzter Spruch, wenn sich ein Junge wehgetan hatte (und dazu eine rassistische Fremdbezeichnung), anstatt seine Gefühle ernst zu nehmen und Empathie zu zeigen.

Jede dieser Bezeichnungen hält das Klischee aufrecht, dass Männer und Frauen emotional unterschiedlich sind. Dass Männer stark, rational und emotionslos sind und Frauen unbeherrschte, emotionale Wesen. Das Wort „hysterisch" hat dabei eine besonders dunkle Geschichte.

Wie der Begriff „Hysterie" missbraucht wurde

Wird heute davon gesprochen, dass jemand hysterisch ist, ist damit oft extreme Nervosität oder Verzweiflung gemeint, bis 1980 war Hysterie aber offiziell als psychische Störung klassifiziert. Das Wort stammt von *hystera* ab, was im Griechischen „Gebärmutter" bedeutet. Wenig überraschend also, dass Hysterie historisch gesehen eine geschlechtsselektive Störung war, die nur die Menschen mit einer Gebärmutter haben konnten und mit Symptomen wie Unkontrollierbarkeit, Angstzuständen und Depressionen diagnostiziert wurde.

Medizinisch wurde Hysterie erstmals 1880 vom französischen Neurologen Jean-Martin Charcot beschrieben, damals noch als körperliches Leiden. Er hielt als Professor Vorträge über Hysterie-Symptome, und einer seiner Studierenden war kein Geringerer als Sigmund Freud, der Begründer der Psychoanalyse. Der Österreicher entwickelte Charcots medizinische Theorien weiter, verfasste mehrere psychologische Studien und aus heutiger Sicht absolut unvorstellbare

Behandlungsmethoden zur – natürlich ausschließlich weiblichen – Hysterie.

Der medizinische Fortschritt führte aber zu der Erkenntnis, dass viele Symptome, die früher der Hysterie zugeschrieben wurden, nicht speziell mit dem weiblichen Körper zusammenhängen, sondern in Wirklichkeit psychische Erkrankungen sind, die alle Menschen betreffen können. Deshalb wurde 1980 Hysterie als medizinische Diagnose durch die Bezeichnung „dissoziative Störung" ersetzt.

Eine Studie von Psycholog*innen der University of Michigan zeigt, dass die emotionalen Muster von Frauen und Männer viel ähnlicher sind als allgemeinhin angenommen. Die Wissenschaftler*innen beobachteten 142 Männer und Frauen fünfundsiebzig Tage lang und zeichneten ihre jeweiligen Emotionen auf. Am Ende der Studie konnte festgestellt werden, dass die Gefühle der männlichen Teilnehmer ebenso stark ausgeprägt waren und schwankten wie die der Frauen.

Wie Stereotypen unsere emotionalen Reaktionen beeinflussen

Diese Ergebnisse widerlegen die immer noch vorherrschende Sichtweise auf die unterschiedliche Emotionalität von Frauen und Männern. Traditionelle Geschlechtervorstellungen stufen Männer als unemotional und Frauen als emotional ein, halten Stereotypen und Vorurteile aufrecht – und schaden damit uns allen, auch beruflich. Wenn schon von Kindern erwartet wird, sich so zu formen, dass sie in eine dieser Schubladen passen, schränkt das ihre Fähigkeit ein, ihr volles Potenzial zu entfalten.

Das kann zum Beispiel dazu führen, dass Frauen sich später weniger Verantwortung zutrauen und Männer ihre Gefühle unterdrücken und keine Empathie zulassen. Dass Männer seltener in sozialen Berufen arbeiten, weil das Kümmern um andere Menschen als typisch weiblich gesehen wird. Obwohl im sozialen Bereich deutlich weniger Männer arbeiten als Frauen, werden dort Leitungspositionen eher mit Männern besetzt.

Selbstsichere Männer werden oft als fähige Führungskräfte gesehen, während selbstsichere Frauen eher als schwierige Kolleginnen gelten. Lange hielt sich das Klischee, dass Frauen zu emotional für Führungspositionen sind.

Tatsächlich sind Männer im Beruf sogar emotionaler als Frauen, wie eine Studie der britischen Jobbörse Totaljobs unter 2250 Arbeitnehmer*innen ergab. Die Art und Weise, wie Männer ihre Emotionen zeigen, unterscheidet sich dabei aber stark von der ihrer weiblichen Kollegen. Männer würden laut der Studie doppelt so häufig wie Frauen bei der Arbeit schreien oder aus einem emotionalen Impuls heraus ihren Job kundigen, während 41 Prozent der Frauen angaben, schon mal am Arbeitsplatz geweint zu haben, verglichen mit 20 Prozent der Männer. Genauso starke Unterschiede gibt es beim körperlichen Ausdruck von Emotionen: 21 Prozent der weiblichen Befragten würden Kolleg*innen umarmen – aber nur neun Prozent der männlichen.

Männer und Frauen reagieren auf Probleme am Arbeitsplatz zwar emotional unterschiedlich, aber alle Menschen empfinden Emotionen. Das hat nichts mit unserem

Geschlecht, sondern vielmehr mit Normen und Stereotypen zu tun. Laut Terri Simpkin, Professorin für Organisationsverhalten und Personalmanagement an der University of Nottingham und wissenschaftliche Betreuerin der Studie, sind Männer und Frauen im Ausdruck von Emotionen unterschiedlich sozialisiert. Auf welche Art wir unsere Emotionen zeigen, ist eng damit verbunden, wie wir geprägt und aufgewachsen sind, was unsere Vorstellungen von Professionalität sind.

Das zeigt sich übrigens auch beim Impostor-Phänomen (siehe Kapitel 6). Es macht sich durch anhaltende Selbstzweifel bemerkbar und die Angst, der Hochstapelei überführt zu werden. Diese Gefühle treten signifikant häufiger bei Frauen auf – und das hat Gründe. Frauen, die erfolgreich sind, die ein starkes Auftreten haben, die sichtbar sind, werden oft immer noch belächelt oder nicht für voll genommen.

Als ich kürzlich hinter der Bühne einer Konferenz stand und mich auf meine Keynote vorbereitete, kam ein Mann auf mich zu und bat mich, ihm ein Glas Wasser auf die Bühne zu stellen. Ich war relativ perplex, bis ich verstanden habe, dass ich in seinen Augen keine Vortragende sein könnte. Ein ähnliches Erlebnis hatte ich, als ich externe Gäste zu einem Termin im Büro hatte. Ich ging nach unten, um sie am Empfang abzuholen. Einer der Herren fragte ziemlich schroff, wo er denn auf die Toilette gehen könne. Nachdem er von dort zurückkehrte, wollte er wissen, wie lang es noch dauern würde, bis sein Ansprechpartner komme. Ich war die Ansprechpartnerin.

Im Rahmen einer Podiumsdiskussion vor vielen Jahren, bei der ich über Emotionen in der Arbeitswelt sprach, belächelte mich ein Mitdiskutant mit den Worten: „Warum sind Sie denn so aufgebracht? Das steht Ihrem hübschen Gesicht gar nicht."

Wenn wir immer wieder erleben, dass Menschen uns unsere Rollen nicht zutrauen oder uns nicht ernst nehmen, kann unterbewusst das Gefühl befeuert werden, eine Hochstaplerin zu sein.

Durch Mutterschaft kann dieses Gefühl noch verstärkt werden. Frauen sind schnell „Rabenmütter", wenn sie beruflich Erfolg haben und sich nicht Vollzeit um die Kinder kümmern. Wir sind also auch keine „richtigen" Mütter – die nächste Hochstapelei!

In ihrem Artikel „Stop Telling Women They Have Impostor Syndrome", der 2021 in der *Harvard Business Review* erschienen ist, beschreiben die US-amerikanischen Autorinnen Ruchika Tulshyan und Jodi-Ann Burey, warum sie davon überzeugt sind, dass das Konzept des Impostor-Syndroms Frauen diskriminiert.

Sie argumentieren damit, dass mit ihm das Unbehagen, die Zweifel, die Angst und das fehlende Zugehörigkeitsgefühl am Arbeitsplatz aufgegriffen und pathologisiert wurden. Sind Männer beruflich erfolgreich, sinken ihre Zweifel in der Regel, weil sie Bestätigung bekommen und oft von Menschen umgeben sind, die ihnen ähneln. Bei Frauen ist das Gegenteil der Fall.

Um Defizite, die durch Impostor in der Arbeitswelt entstehen können, entgegenzutreten, sollten Unternehmen also ein Umfeld schaffen, das Diversität und Inklusion statt Exklusion fördert. Denn umso mehr Menschen aus marginalisierten Bevölkerungsgruppen in Unternehmen sichtbar sind, desto größer ist die Chance, dass diese sich zugehörig fühlen – und damit nicht nur weniger Impostor-Gedanken haben, sondern auch längerfristiger bei diesen Unternehmen bleiben.

Während das Impostor-Gefühl entsteht, wenn man seine eigenen Fähigkeiten und Leistungen unterschätzt, ist der Dunning-Kruger-Effekt das Gegenteil: Ende 1999 untersuchten die US-amerikanischen Psychologen Justin Kruger und David Dunning das Phänomen, wenn Menschen ihre eigenen Fähigkeiten, Kenntnisse und Leistungen überschätzen. So wie einfache Selbstkritik Impostor-Gefühle entstehen lassen kann, kann sich gesundes Selbstvertrauen zu Ignoranz und Arroganz entwickeln – und der Dunning-Kruger-Effekt ist nicht mehr fern. Ein Experiment der Universität Amsterdam aus dem Jahr 2018 zeigte, dass der Dunning-Kruger-Effekt überdurchschnittlich oft bei Männern zu beobachten ist.

Egal welchem Geschlecht wir uns zugehörig fühlen, wir haben selten selbst Schuld daran, ob wir Impostor-Gefühle haben oder den Dunning-Kruger-Effekt zeigen. Es liegt fast immer an unserer Sozialisierung, an Stereotypen, an Klischees und veralteten Strukturen.

Emotionen in der Arbeitswelt sind ein wichtiger Faktor, um Burn-out, Stress oder auch Depressionen vorzubeugen. Aber das Ausdrücken von Emotionen unterliegt noch immer häufig geschlechtsspezifischen, sozialen Regeln. Ein

Verstoß gegen diese Regeln kann negative Konsequenzen haben. Frauen, die wütend sind, wird oft „Zickigkeit" unterstellt. Ein Mann, der traurig ist oder starkes Mitgefühl ausdrückt, wird gerne „Memme" genannt.

Nicht selten tappen wir unbewusst selbst in die Falle dieser Klischees, auch wenn wir sie eigentlich gar nicht vertreten. Denn genauso wie wir unter diesen Regeln leiden können, sind wir oft ein Teil davon. Aber wir haben die Chance, ein Bewusstsein dafür zu entwickeln, sie zu hinterfragen und hoffentlich sogar neu zu schreiben. Sowenig wie die Welt in Schwarz und Weiß, Gut oder Böse eingeteilt werden sollte, sollten wir Menschen in typisch männlich, typisch weiblich einteilen.

Wenn wir als Gesellschaft und in Teams unsere Möglichkeiten und Fähigkeiten voll ausschöpfen wollen, haben wir die Verantwortung, veraltete Strukturen so zu verändern, dass sich alle Menschen emotional sicher fühlen und ihre Gefühle nutzen können.

Zurück in die Vergangenheit – und in die Zukunft

Nehmt euch Zeit und überlegt, mit welchen Stereotypen ihr selbst aufgewachsen seid.

- Wurde euch als Kind Raum gegeben, alle eure Emotionen auszudrücken?
- Seid ihr mit Stereotypen aufgewachsen? Und falls ja, mit welchen?
- Durftet ihr genauso wütend wie mitfühlend sein oder gab es „Schubladen"?
- Hattet ihr Raum, eure Fähigkeiten und Interessen auszuleben, wurden sie gefördert?
- Welche Lieblingsfächer hattet ihr in der Schule?
- Gab es gesellschaftliche oder soziale Erwartungen, in welchen Fächern ihr gut sein musstet?
- Wie hat eure familiäre und gesellschaftliche Prägung eure Berufswahl beeinflusst?
- Standen euch veraltete Strukturen schon mal im Weg? Falls ja, wie?
- Bewertet ihr die Emotionen von männlichen, weiblichen und nichtbinären Kollegen unterschiedlich?
- Habt ihr das Gefühl, dass eure eigenen Emotionen in der Arbeit anders bewertet werden als die von Kolleg*innen?
- Und jetzt das Ganze in die Zukunft gerichtet: Was würdet ihr euch für Kinder wünschen, die heute aufwachsen?
- Wie sollte sich unsere Gesellschaft und unsere Arbeitswelt verändern, um das Potenzial von allen Menschen besser nutzen zu können?

9

Warum Kommunikation immer emotional ist

Wenn wir über Emotionen sprechen, hat Kommunikation eine besondere Bedeutung. Einerseits ist es eine der wichtigsten Möglichkeiten, Emotionen auszudrücken – andererseits eine unendliche Quelle für emotionale Missverständnisse. Kommunikation ist immer emotional, egal ob wir selbst sprechen oder zuhören, egal ob wir das wollen oder nicht.

Für mich ist es immer wieder irritierend, welche Worte oder Formulierungen wir verwenden, um Emotionen zu artikulieren. „Pipi in den Augen" ist zum Beispiel eine davon. Eigentlich ziemlich absurd, dass wir einen Moment der Rührung, des Mitgefühls, manchmal auch der Traurigkeit so beschreiben, oder?

Es gibt viele solcher Redewendungen, die eine Emotion beschreiben sollen, aber eigentlich etwas ganz anderes aussagen. Dabei ist es so entscheidend, Emotionen klar zu benennen, für uns selbst (darum ging es unter anderem in Kapitel 1), aber vor allem auch für andere. Je klarer und ehrlicher wir unsere Emotionen kommunizieren, desto größer ist die Aussicht, dass andere Personen sie verstehen und mitfühlen können.

Gefühle spielen in der Kommunikation eine große Rolle, sie können uns helfen, besser zu kommunizieren, aber auch die Kommunikation von anderen Menschen besser nachzuvollziehen. Und dabei ist es manchmal wichtiger, zu begreifen, wie eine Person kommuniziert, als das, was tatsächlich gesagt wird. „Pipi in den Augen" ist schließlich nicht wirklich das, was die Worte eigentlich aussagen – und darüber bin ich ehrlich gesagt ziemlich froh. Das, was wir hören, ist nicht unbedingt das, was die Person gerade sagen möchte.

Sucht man im Internet nach Bildern zu Kommunikation, erscheinen hauptsächlich Sprechblasen oder sprechende Menschen. Dabei ist das Zuhören der wichtigste Teil der Kommunikation (allerdings muss ich mich selbst oft daran erinnern). Und beim Zuhören sollte es nicht primär darum gehen, was ich auf das Gesagte antworten will, sondern darum, wirklich verstehen zu wollen, was die andere Person ausdrücken möchte. Denn wie wir alle wissen, ist zwischen gesagt und gemeint oft ein großer Unterschied. Wir sollten zuhören, um voneinander zu lernen.

Wie uns das Vier-Seiten-Modell helfen kann

Mit gefällt der Ausspruch des antiken griechischen Philosophen Epiktet sehr gut: Der Mensch hat zwei Ohren und eine Zunge, damit er doppelt so viel hören kann, wie er spricht.

Zuhören ist allerdings immer auch davon beeinflusst, was wir meinen zu hören. Erinnert ihr euch an die Aussage meiner Kollegin: „Lena, du bist viel zu emotional, und damit untergräbst du deine Autorität"? Obwohl ich erst mal ziemlich sprachlos, perplex und zugegebenermaßen auch vor den Kopf gestoßen war, habe ich mich nach einer Nacht darüber schlafen an ein Modell erinnert, das ich in meiner Ausbildung zur Kinderpflegerin kennengelernt hatte: das Vier-Seiten-Modell des Kommunikationspsychologen Friedemann Schulz von Thun. Danach hat jede Nachricht vier Ebenen:

- eine Sachinformation (worüber ich informiere)
- eine Selbstkundgabe (was ich von mir zu erkennen gebe)
- einen Beziehungshinweis (was ich von der Person mir gegenüber halte und wie ich zu ihr stehe)
- einen Appell (was ich bei der Person mir gegenüber erreichen möchte)

Eine Aussage kann also aus diesen vier unterschiedlichen Perspektiven gesendet werden. Um bei meinem Beispiel zu bleiben, könnte man interpretieren:

- Meine Kollegin informiert mich darüber, dass sie mich emotional findet.
- Aus ihrer Sicht untergräbt Emotionalität Autorität.
- Ich bin für sie keine Autoritätsperson.
- Sie möchte, dass ich weniger emotional bin.

Die Interpretation könnte aber auch so aussehen:

- Sie informiert mich über ihre Wahrnehmung.
- Sie findet, eine Autoritätsperson sollte nicht emotional sein.
- Sie nimmt mich als emotional wahr.
- Sie möchte, dass ich ernst genommen werde.

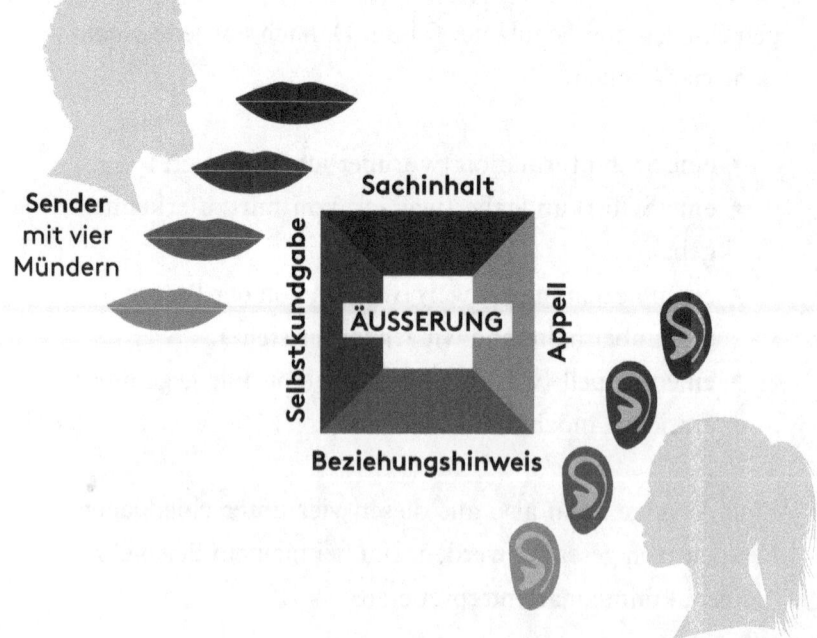

Sender
mit vier
Mündern

Sachinhalt

Selbstkundgabe

ÄUSSERUNG

Appell

Beziehungshinweis

Empfänger
mit vier Ohren

Hier wird deutlich: Es geht nicht nur darum, was eine Person kommuniziert, sondern auch darum, was die andere Person hören kann und möchte. Deshalb gibt es beim Vier-Seiten-Modell neben den vier Seiten des Sendenden auch die vier Seiten der empfangenden Person. Und wenn die sendende und empfangende Person die Nachricht auf zu unterschiedliche Weisen interpretieren, kommt es zu Missverständnissen oder sogar Konflikten.

Und so entstand in der Situation damals mein innerer Konflikt mit der Kollegin und schließlich auch mit mir selbst. Aber was bei Konflikten jeder Art, vor allem in der Kommunikation, helfen kann, ist Empathie (siehe Kapitel 7). Heute bin ich mir sicher, dass meine Kollegin davon überzeugt war, mir mit diesem Feedback zu helfen. In dem Moment der Aussage fühlte es sich für mich aber an wie ein Angriff und wie eine negative Wertung meiner Emotionalität.

Wie mächtig Emotionen gerade in der Kommunikation sein können, zeigt eine einfache Übung: Nehmt euch einen ganz normalen Satz und sprecht ihn nacheinander mit verschiedenen Emotionen. Zum Beispiel „Das ist Kapitel Nummer 9":

- Gelangweilt
- Enthusiastisch
- Traurig
- Wütend
- …

Der Satz vermittelt bei jedem Mal eine komplett andere Assoziation. Gelangweilt gesprochen, könnte ich interpretieren, es interessiert euch nicht, was ich schreibe. Mit enthusiastischem Unterton könnte es bedeuten, euch gefällt das Buch bisher und ihr freut euch auf die nächsten Kapitel. Dabei ist es schwarz auf weiß ein und derselbe Satz

Genau deshalb sind Emotionen in der Kommunikation so unerlässlich. Um zu unterstreichen und deutlich zu machen, wie eine Nachricht gemeint ist. Um schwarzer Schrift auf weißem Hintergrund Farbe zu geben.

Wie wir ohne Worte kommunizieren

Wenn wir wieder an das Vier-Seiten-Modell denken, wird klar, dass Kommunikation immer ein Dialog zwischen Sender und Empfänger ist. Und damit sind wir erneut beim Zuhören: Nur wer gut zuhört, kann gut kommunizieren. Und um gut zuzuhören, müssen wir empathisch sein. Wir müssen emotional sein.

Zum Zuhören gehört nicht nur das gesprochene Wort, sondern auch die nonverbale Kommunikation wie Körpersprache, Gestik und Mimik sowie die Atmosphäre in einem Raum.

Während der Kommunikation nehmen wir nicht nur emotionale Informationen der Person gegenüber wahr, sondern drücken auch unsere eigenen Gefühle über viele verschiedene Kanäle aus. Zum Beispiel Mimik, Gestik, Körperhaltung und -bewegung.

In ihrem Buch *Nonverbal Communication* gehen die US-amerikanischen Kommunikationswissenschaftlerinnen Judee Burgoon, Valerie Manusov und Laura Guerrero davon aus, dass Körpersprache einen Großteil unserer gesamten Kommunikation ausmacht. Unser Körper ist ein wichtiges Medium für den Ausdruck unserer Emotionen.

Es ist also wichtig, auf Körpersprache zu achten, sie aber auch in den jeweiligen Kontext zu setzen. In manchen Fällen kann unser Gesichtsausdruck unsere wahren Gefühle in einer bestimmten Situation verraten. Auch wenn du sagst, dass es dir gut geht, kann dein Gesichtsausdruck etwas anderes verraten.

Der Gesichtsausdruck einer Person kann sogar dazu beitragen, ob wir ihr vertrauen oder glauben, was sie sagt. Die Mimik ist eine der universellsten Formen der Körpersprache. Die Gesichtsausdrücke, mit denen Angst, Wut, Traurigkeit oder Freude kommuniziert werden, sind überall auf der Welt ähnlich.

Augen werden häufig als „Fenster zur Seele" bezeichnet, da sie viel über die Gefühle und Gedanken einer Person verraten können. Wenn wir uns mit einer anderen Person unterhalten, achten wir ganz intuitiv auf die Augenbewegungen. Wir können feststellen, ob unser Gegenüber direkten Augenkontakt herstellt oder den Blick abwendet. Wenn eine Person uns während eines Gesprächs direkt in die Augen schaut, empfinden wir das meistens als Zeichen von Interesse und Aufmerksamkeit. Ein längerer Augenkontakt kann aber auch bedrohlich wirken, und manchmal machen hier ein paar Sekunden schon einen großen Unterschied.

Und natürlich gibt es auch hier wieder viele persönliche Unterschiede. Eine frühere Kollegin und sehr gute Freundin ist zum Beispiel für ihre „sprechenden Augen" bekannt. Sie ist eine der besten Kommunikatorinnen, die ich kenne, und trotzdem – oder vielleicht gerade deshalb – sagen ihre Augen oft mehr als tausend Worte. Sie hat nämlich eine ganz besondere Art und Weise, mit den Augen deutlich zu machen, was sie von einer Situation oder einer Person hält.

Die Bewegungen des Mundes können beim Lesen von Körpersprache ebenfalls eine Rolle spielen. Lächeln ist vielleicht eine der häufigsten körpersprachlichen Signale, aber wie wir alle wissen, ist ein Lächeln nicht immer ein freundlicher Ausdruck. Es kann ein Signal für Freude, Zufriedenheit, Glück, Freundschaft oder Erleichterung sein – aber eben auch Ironie, Sarkasmus und Zynismus ausdrücken. Meine Teenager sind Expert*innen darin.

Gesten gehören zu den vermeintlich offensichtlichsten Signalen der Körpersprache. Wir winken, zeigen – manchmal ahmen wir sogar ganze Tätigkeiten nach. Aber manche Gesten haben in verschiedenen Kulturen oder Situationen ganz unterschiedliche Bedeutungen: Eine geballte Faust kann in manchen Momenten Wut ausdrücken, in anderen ein Zeichen für Solidarität sein. Zwei sehr unterschiedliche Emotionen.

Auch Arme und Beine können nonverbale emotionale Informationen vermitteln. Überkreuzte Arme können Ablehnung, Angst oder Verschlossenheit ausdrücken – oder einfach nur, dass der Person kalt ist. Es kommt eben auf den Kontext an.

Andere Signale, wie das Ausbreiten der Arme oder der Beine (was oft „Manspreading" genannt wird), können ein Versuch sein, größer oder beherrschender wirken zu wollen und vermeintliche Dominanz zu signalisieren.

Wie wir unseren gesamten Körper halten, kann ebenfalls ein wichtiger Teil der Körpersprache und damit unserer emotionalen Kommunikation sein. Die Körperhaltung kann viele Informationen darüber vermitteln, wie sich eine Person situativ fühlt, aber sie kann auch Hinweise auf Persönlichkeitsmerkmale geben, zum Beispiel, ob eine Person eher selbstsicher oder ängstlich ist.

In meiner Teenager-Zeit hatte ich immer extrem hängende Schultern und den Kopf eingezogen. Das lag einerseits daran, dass ich schon mit vierzehn Jahren ein Meter achtzig groß war und kleiner wirken wollte, aber auch daran, dass ich mich zu dieser Zeit sehr unsicher fühlte – wie das als Teenie oft so ist.

Es gibt noch viele andere Signale in Mimik, Gestik und Körperhaltung, die uns wichtige Emotionen vermitteln können oder mit denen wir selbst Emotionen ausdrücken. Aber wir sollten diese nonverbalen Signale im Zusammenhang mit der verbalen Kommunikation und der Situation sehen. Verschränkte Armen müssen eben nicht immer bedeuten, dass eine Person mich ablehnt – es könnte einfach kalt im Raum sein.

Beim Stichwort „Raum" fällt mir die Formulierung „Reading the Room" ein. Natürlich geht es hier nicht um das wörtliche Lesen eines Raums, sondern darum, eine Stimmung in einem Raum wahrzunehmen. Ich vermute, die meisten von euch haben schon einmal erlebt, dass sie in einen Raum gekommen sind und die Stimmung … komisch war. Vielleicht liegen Emotionen in der Luft, vielleicht meinen wir in manchen Momenten aber auch nur, dass sie in der Luft liegen.

Entscheidend ist, aufmerksam für die Stimmung in einem Raum oder in einer Gruppe zu sein, um damit empathisch umgehen zu können.

Was mich immer wieder beeindruckt, ist, wie sehr „Spiegeln" bei empathischer Kommunikation helfen kann. Wenn wir die Körpersprache, aber auch die Worte der Person uns gegenüber spiegeln, kann uns das dabei helfen, Emotionen nachzufühlen und gleichzeitig Empathie zu signalisieren. Kleiner Funfact am Rande: Eine Studie hat nachgewiesen, dass Menschen, die sich kosmetischen Botox-Behandlungen unterzogen haben, nicht mehr in der Lage sind, das Stirnrunzeln einer anderen Person zu spiegeln. Es kann die Fähigkeit beeinträchtigen, deren Emotionen zu deuten.

Oft spiegeln wir unbewusst wider, fast automatisch, aber wir können es auch bewusst einsetzen, natürlich nicht so, dass sich die andere Person nachgemacht vorkommt. Aber wenn wir die Körperhaltung einer anderen Person einnehmen, kann uns das tatsächlich dabei helfen, nachzuspüren, wie sie sich fühlen könnte. Und wenn wir gesprochene Kommunikation widerspiegeln, kann uns das dabei unterstützen, unsere Empathie zu trainieren. Hier können wir abermals das Beispiel meiner Kollegin nutzen: Wenn ich damals nicht so sprachlos gewesen wäre, hätte ich ihre Aussage auch einfach spiegeln können: „Du findest also, Emotionalität untergräbt Autorität?"

Dieses Spiegeln kann eine Möglichkeit sein, die Sendungs-Empfangs-Herausforderung zu überwinden, Missverständnisse zu vermeiden, und es kann uns dienlich sein, empathischer miteinander zu kommunizieren.

Wie wir fehlende Signale ausgleichen können

Aber was ist, wenn uns ein Großteil dieser Informationen plötzlich fehlt? Mit Beginn der Coronapandemie kam ein neues Wort in unseren Sprachgebrauch: „social distancing". Ich selbst verwende lieber den Ausdruck „physical distancing", weil es nicht darum ging, soziale Distanz aufzubauen, sondern körperlichen Abstand zu halten. Aber mit diesem körperlichen Abstand und dem Beginn der Kontaktbeschränkungen wurden viele emotionale Kommunikationsinformationen pausiert.

Mit Freund*innen und Kolleg*innen haben wir uns bestenfalls per Videocall gesehen, aber selbst dabei ist es fast unmöglich, Körpersprache oder Gestik wahrzunehmen. Ich habe gemerkt, wie mich das oft angestrengt hat, habe dazu recherchiert, und so kam noch ein neuer Begriff in meinen Pandemie-Wortschatz: „Zoom-Fatigue", die Ermüdung, die durch dauerhafte Videocalls entsteht.

Jeremy Bailenson, Professor am Stanford Virtual Human Interaction Lab, hat in seiner Forschung einige Gründe für diese Müdigkeit gefunden, und die haben einen starken

Zusammenhang mit emotionaler Kommunikation. Einerseits ist der dauerhafte Augenkontakt (manchmal nicht nur mit der anderen Person, sondern zusätzlich mit uns selbst) absolut unnatürlich. Andererseits fehlen uns nonverbale Kommunikationssignale, und unser Gehirn versucht das konstant auszugleichen – was natürlich nicht funktioniert und uns deshalb stark ermüdet.

Und mit dem Fehlen dieser Signale, dem dauerhaften Augenkontakt und dem Fokus auf das Video ist es teilweise auch schwieriger geworden, Emotionen wahrzunehmen und richtig zu kommunizieren. Manchmal lässt sich allein an der Körperhaltung ablesen, wie es einer Freundin oder einem Kollegen geht. Aber was, wenn uns diese Signale plötzlich fehlen? Gerade dann ist das aktive Zuhören noch wichtiger, ebenso nachzufragen und vielleicht auch Fragen ganz anders zu stellen, statt: „Wie geht's dir?" zum Beispiel: „Wie war dein Tag bisher?"

Bei „Wie geht's dir?" antworten wir fast alle meistens automatisch mit einem „gut". Aber unsere Tonlage, unsere Körperhaltung, unsere Mimik und Gestik können zeigen, wie dieses „gut" wirklich gemeint ist. Wenn uns diese Informationen aber fehlen, sollte offener nachgefragt werden, damit wir durch die verbale Kommunikation mehr emotionale Informationen bekommen.

In Videocalls können aber andere Möglichkeiten genutzt werden, um Emotionen auszudrücken. Ich persönlich liebe Emojis oder GIFs, weil sie die Möglichkeit geben, Gefühle mit Humor und Leichtigkeit auszudrücken, aber als Reaktion ebenso Mitgefühl transportieren können. Mit Emojis können wir tatsächlich Kommunikationsbarrieren überwinden.

Beruflich habe ich oft mit Kolleg*innen aus den USA zu tun, und da gibt es manchmal starke Unterschiede in der Kommunikation von Emotionen. Nicht alles, was „great" und „amazing" ist, ist es auch wirklich. Und umgekehrt fällt es mir oft schwer, mich genau so auszudrücken, wie ich es in meiner Muttersprache tun würde. Hier können Emojis eine universelle Zeichensprache sein.

Mittlerweile nutze ich auch in den meisten E-Mails Emojis, weil ich dadurch das Gefühl habe, besser mitteilen zu können, wie ich etwas meine. Aber auch, weil ich selbst vielfach erlebe, wie ich geschriebene Worte ganz anders interpretiere, als sie eigentlich gemeint waren.

Im Rahmen eines Projekts hatte ich mit einer Kollegin zu tun gehabt, die ich bisher nicht persönlich kannte. In ihren E-Mails klang sie für mich ziemlich schroff und unfreundlich, ich war schnell genervt. Als wir uns dann das erste Mal persönlich trafen, stand da ein ganz anderer Mensch vor mir, als ich mir das anhand der E-Mails vorgestellt hatte. Ihre Mimik war empathisch, ihre Körperhaltung offen, ihre Gestik herzlich, ihre Stimme warm.

Das hat mir wieder einmal gezeigt, wie wichtig es ist, eine Person nicht nur anhand der schriftlichen Kommunikation zu bewerten.

Gerade deshalb nutze ich auch so gerne Sprachnachrichten. Einige von euch rollen jetzt vielleicht mit den Augen, und ich kann das verstehen. Als ich Sprachnachrichten zum ersten

Male bei meinen Kindern kennenlernte, war ich absolut sicher, dass ich das nie selbst nutzen werde. Aber inzwischen liebe ich diese Form der Kommunikation, weil ich durch sie Emotionen genauso ausdrücken kann, wie ich sie in dem Moment meine. Und auch die Forschung zeigt, dass in unserer Stimme, in ihrer Tonalität vielleicht der Schlüssel darin liegt, wie wir Emotionen gut kommunizieren und wahrnehmen können, auch wenn wir uns nicht Face-to-Face sehen.

In einer Studie, durchgeführt 2017 an der Yale University, wurde herausgefunden, dass unser Gehör stärker ist als unser Sehsinn, wenn es darum geht, Emotionen wahrzunehmen. In einem von verschiedenen Experimenten im Rahmen dieser Studie sollten sich die Proband*innen in einem Raum unterhalten, der entweder beleuchtet oder komplett dunkel war, und danach die Emotionen der anderen einordnen. In diesem und auch in allen anderen Experimenten konnten die Teilnehmenden die Emotionen der anderen am besten einschätzen, wenn sie nur die Stimmen der Personen hörten.

Über die Stimme, die Tonalität, die Sprachgeschwindigkeit können wir nicht nur Basisemotionen wie Freude oder Angst ausdrücken, sondern auch feine Nuancen wie Interesse, Mitleid, Sorge und vieles mehr. Deshalb liebe ich Sprachnachrichten. Weil sich damit Emotionen so gut und direkt kommunizieren lassen. Aber auch bei ihnen ist Empathie auf beiden Seiten gefragt – vor allem, was die Dauer betrifft.

Was Emotionalität für die Unternehmenskommunikation bedeutete

Sprache ist eines der kraftvollsten Werkzeuge, das Menschen nutzen können. Im schlimmsten Fall kann sie diskriminieren, diskreditieren oder ausschließen. Sie kann aber auch das Gegenteil bewirken: Sie kann Menschen bewusst einschließen und sie bestärken.

Für Unternehmen spielt empathische Kommunikation eine wichtige Rolle, intern mit den eigenen Mitarbeitenden, aber auch extern mit Kund*innen oder Partnerunternehmen. Ganz egal, wen ein Unternehmen ansprechen möchte, ist es natürlich relevant, dass sich die jeweilige Person auch angesprochen fühlt.

Seit 2018 beschäftige ich mich privat und beruflich zusammen mit einigen Kolleginnen intensiv mit dem Thema „inklusive Kommunikation". Vielen von euch sind die hitzigen Diskussionen über Genderkommunikation bekannt, und ich gebe zu, auch ich fand sie anfangs eher überflüssig. Aber ihr habt sicher nicht erst jetzt festgestellt, dass ich versuche, geschlechtsneutrale Formulierungen zu nutzen oder den Asterisk, den Stern, weil es nicht nur darum geht, ob eine Person mit gemeint ist, sondern vor allem darum, ob sie mit angesprochen wurde.

Inklusive Sprache kann langfristig unsere Denkmuster transformieren und neue Bilder in unseren Köpfen schaffen. Sprache verändert sich, und wir können uns mit ihr verändern. Als Menschen, als Gesellschaft und als Unternehmen. In unserem unternehmensweiten Projektteam aus verschiedenen

Expert*innen sind wir aber schnell zu dem Punkt gekommen, dass der alleinige Fokus auf geschlechtssensible Kommunikation nicht zeitgemäß ist, und haben deshalb die inklusive Unternehmenskommunikation auf drei Säulen gesetzt: diskriminierungsfrei, gendersensibel, barrierefrei.

Denn unsere Gesellschaft besteht aus Menschen, die verschiedene ethnische Hintergründe, Religionen und Weltanschauungen haben, aus Menschen mit und ohne Behinderung, aus Jungen und Älteren, aus Menschen mit unterschiedlichen sexuellen Orientierungen, aus Frauen, Männern und nichtbinären Menschen. Es sind einzigartige Menschen mit unterschiedlichen Perspektiven und verschiedenen Erfahrungen, und wir können die bewusste Entscheidung treffen, unser Möglichstes zu geben, mit allen empathisch zu kommunizieren.

Hier spielt auch die kulturelle Kommunikation eine große Rolle. Je internationaler unsere Arbeitswelt und die Teams sind, in denen wir arbeiten, desto wichtiger ist es, ein Bewusstsein für kulturelle Unterschiede zu haben und zu verstehen, wie Emotionen in bestimmten Sprachen und Kulturen kommuniziert werden.

Ich habe einen kleinen Spleen für emotionale Begriffe, die es in der deutschen Sprache so nicht gibt. Und laut der britischen Kulturwissenschaftlerin Tiffany Watt Smith (von der es einen sensationellen TED Talk zur Geschichte der Emotionen gibt) können wir sogar unsere emotionale Intelligenz verbessern, wenn wir neue Worte für Emotionen lernen, die es in unserer eigenen Sprache nicht gibt. Wenn wir ein Wort dafür haben, können wir Emotionen tatsächlich besser fühlen.

Von den deutschen Emotionen ist „Schadenfreude" zum Beispiel ein Begriff, den es in anderen Sprachen nicht gibt und der sogar ins Englische übernommen wurde. Für diese Emotion sind wir Deutschen also international bekannt. Na ja.

Im Tahitianischen gibt es kein Wort für „Traurigkeit". Stattdessen verwenden die Tahitianer*innen einen Ausdruck, der ungefähr so etwas bedeutet wie „die Art von Müdigkeit, die mit einer Grippe einhergeht". Das Gefühl „Hygge" wiederum hat es inzwischen auch in unseren deutschen Sprachgebrauch, in den Duden und sogar als Titel auf eine eigene Zeitschrift geschafft. „Hygge" ist dänisch und beschreibt eine Mischung aus gemütlich, angenehm, kuschelig, vertraut.

Die genannten Beispiele zeigen, dass unsere emotionale Realität auch von den Konzepten bestimmt wird, die wir verwenden, um unsere Umwelt zu verstehen und zu beschreiben. Diese Konzepte wiederum hängen von der Kultur und natürlich unserer Sprache und Kommunikation ab.

Habt ihr schon mal von dem Wort „Arbedjsglæde" gehört? Das ist ebenfalls dänisch und heißt wörtlich übersetzt „Arbeitsglück". Es beschreibt das Glück, das wir fühlen, wenn wir uns bei der Arbeit, die wir tun, gut fühlen. Aber zum Thema Glück – auch bei der Arbeit – kommen wir im nächsten Kapitel.

Emotionen in der Kommunikation sind wichtig, um deutlich zu machen, wie eine Nachricht gemeint ist. Deshalb sind inklusive Kommunikation und empathisches Zuhören besonders relevant – auch und vor allem in der Arbeitswelt.

Das Vier-Seiten-Modell

Kommunikation ist immer emotional, aber nicht immer interpretieren wir Emotionen richtig. Wir können trainieren, Botschaften aus unterschiedlichen Perspektiven zu sehen, wenn wir uns an das Vier-Seiten-Modell erinnern:

● Sachinhalt
● Selbstoffenbarung
● Beziehung
● Appell

Bei der nächsten Nachricht, die euch irritiert oder vielleicht sogar wütend macht, könnt ihr das Modell nutzen und die verschiedenen Ebenen interpretieren. Vielleicht ist die Nachricht ja ganz anders gemeint, als sie bei euch ankommt? Vielleicht habt ihr sogar die Chance, durch empathisches Zuhören eine Brücke zu bauen.

● Wie sendet der andere?
● Was versteht ihr?
● Wie könnten Missverständnisse geklärt werden?

Und in einem direkten Gespräch kann die einfache Frage „Habe ich richtig verstanden, dass ...?" Missverständnisse auflösen – oder euch selbst im Zweifelsfall ein paar Sekunden Zeit geben, um eine (schlagfertige) Antwort zu finden.

10

Warum uns Glück gesünder und erfolgreicher macht

Habt ihr schon mal einen Menschen getroffen, der nicht glücklich sein wollte? Ich jedenfalls nicht.

Auf einer Beliebtheitsskala der Emotionen wäre Glück vermutlich ganz oben. Das Streben nach Glück, *the pursuit of happiness*, ist sogar Teil der US-amerikanischen Verfassung. Darin steht: *We hold these truths to be self-evident, that all men are created equal, that they are endowed by their Creator with certain unalienable Rights, that among these are Life, Liberty and the pursuit of Happiness.* – „Wir halten diese Wahrheiten für selbstverständlich, dass alle Menschen gleich geschaffen sind, dass sie von ihrem Schöpfer mit bestimmten unveräußerlichen Rechten ausgestattet sind, zu denen Leben, Freiheit und das Streben nach Glück gehören."

Zugegebenermaßen finde ich die Rechtsprechung in den USA in vielen Bereichen fragwürdig, aber ein Recht auf das Streben nach Glück zu haben gefällt mir ziemlich gut. Wobei: Wenn Glück ein universelles Recht ist, wie es in der Unabhängigkeitserklärung von 1776 heißt, dann würde das bedeuten, dass auch das Glück von geflüchteten Menschen, People of Color, LGBTQIA+-Personen und anderen diskriminierten Gruppen mit gemeint ist – aber das ist ein anderes Thema ...

Im Deutschen gibt es nur ein Wort für Glück, und damit ist sowohl das persönliche Glücksgefühl als auch das Glück im Sinne von „glücklicher Zufall" gemeint. Anders als im Englischen, wo es mit „happiness" und „luck" zwei zu Recht komplett unterschiedliche Worte gibt, die auch nicht als Synonym genutzt werden können. Bei uns gibt es dagegen nur „Glück". Vielleicht ist das auch wieder ein bisschen symptomatisch dafür, wie wir in der deutschen Gesellschaft über Glück denken und sprechen. Hier sind Missverständnisse ja eigentlich schon vorprogrammiert.

Also, was bedeutet Glück überhaupt? Laut Duden kann Glück im Deutschen entweder mit „etwas, was Ergebnis des Zusammentreffens besonders günstiger Umstände ist" (wenn mein Impostor mich zum Beispiel dazu bringt zu denken: Ich hab ja nur Glück gehabt, dass ich diesen Job bekommen habe!), oder als „Zustand der inneren Befriedigung und Hochstimmung" definiert werden. In diesem Kapitel soll es vor allem um Letzteres gehen: Wie wir uns glücklich fühlen können. Wie wir einen „Pursuit of Happiness" umsetzen können – auch in der Arbeitswelt.

Wie wir Glück beeinflussen können

Die US-amerikanische Psychologie-Professorin und Autorin Sonja Lyubomirsky hat in ihren Forschungen festgestellt, dass die Fähigkeit, glücklich zu sein, prozentual so aufgeteilt wird:

50 Prozent unseres Glücks sind genetisch vorbestimmt, zehn Prozent sind von unseren Lebensumständen abhängig – und 40 Prozent hängen von unserer eigenen Einstellung ab. Für mich war das ehrlich gesagt ziemlich überraschend. Ich dachte immer, die äußeren Umstände hätten einen viel größeren Anteil. Und offen gestanden war es für mich vielleicht auch manchmal einfacher, das eigene Unglücklichsein auf die Umstände zu schieben, als selbst Verantwortung zu übernehmen.

Glücklich zu sein ist nicht einfach nur ein schönes Gefühl. Sonja Lyubomirsky und ihr Team konnten herausfinden, dass Glück nicht nur auf individueller Ebene viele positive Auswirkungen hat, sondern auch Effekte, von denen Gemeinschaften und unsere ganze Gesellschaft profitieren können. Glückliche Menschen haben eine höhere Lebensqualität, können ihre persönlichen Stärken und Fähigkeiten besser nutzen und weiterentwickeln, sind eher in der Lage, Mitgefühl zu empfinden, haben stärkere soziale Beziehungen und sind gesünder. Als Beispiel: Das Risiko, einen Herzinfarkt oder Schlaganfall zu erleiden, ist bei glücklichen Menschen um 50 Prozent geringer.

Tatsächlich ist Glück sogar ansteckend, glückliche Menschen machen also auch andere glücklicher. In einer britischen

Langzeitstudie wurden Menschen über zwanzig Jahre hinweg beobachtet, und es wurde festgestellt, dass ihr Glück andere in ihren Netzwerken über drei Trennungsgrade hinweg beeinflusst. Wie glücklich wir sind, hat also einen messbaren Einfluss auf die Stimmung der Freund*innen von Freund*innen unserer Freund*innen. Das alles kann Gesellschaften sozial, moralisch und auch wirtschaftlich stärken.

Und nicht nur andere können wir mit Glück anstecken, sondern tatsächlich auch uns selbst. Je glücklicher wir uns fühlen, desto mehr Dinge nehmen wir wahr, die uns glücklich machen. Aber das funktioniert umgekehrt leider genauso. Und manchmal wird dieser Kreislauf so intensiv, dass sich daraus Krankheiten entwickeln können. Aktuell sind psychische Erkrankungen, sowohl angeborene als auch im Laufe des Lebens entwickelte, eine der größten sozialen Herausforderungen. Laut WHO, der Weltgesundheitsorganisation, sind allein im ersten Jahr der Coronapandemie die Fälle von Depressionen und Angststörungen weltweit um 25 Prozent gestiegen. Aus diesem Grund werden immer mehr Stimmen laut, die die Messung unseres gesellschaftlichen Fortschritts und Erfolgs nicht nur an wirtschaftlichen Faktoren wie dem Bruttoinlandsprodukt, sondern auch am psychischen Wohlbefinden fordern.

Das Königreich Bhutan hat 1972 tatsächlich einen nationalen „Glücksindex" eingeführt. Der offizielle Begriff lautet „Bruttonationalglück", und als der damalige König Jigme Singye Wangchuck diesen Wert etablierte, gab er dem Bruttonationalglück offiziell eine wichtigere Bedeutung als dem Bruttoinlandsprodukt. Seitdem hat das Bruttonationalglück Entscheidungen in der Wirtschafts- und Sozialpolitik Bhutans nachhaltig positiv beeinflusst. Die Messung umfasst sowohl Lebensstandard, Bildung als auch Kultur und Psychologisches wie physiologische Gesundheit. Damit soll dieser Wert das allgemeine Wohlbefinden der bhutanischen Bevölkerung ganzheitlich widerspiegeln und nicht nur ein subjektives Glücksgefühl.

Was alles zum Glück gehört

Glück bezieht sich zwar auch darauf, wie wir uns fühlen, aber es ist mehr als nur eine vorübergehende Stimmung. Wir sind emotionale Wesen und erleben täglich viele unterschiedliche Gefühle. Herausfordernde Emotionen wie Angst und Wut sind dabei genauso relevant wie Freude und Hoffnung.

Um glücklich zu sein, müssen wir uns nicht ständig gut fühlen, eine rosarote Brille aufhaben oder Emotionen ignorieren, die vermeintlich nicht zum Glücklichsein passen. Bei Glück geht es vielmehr darum, alle unsere Gefühle bestmöglich zu nutzen, um unsere allgemeine Lebensqualität zu verbessern.

Aber was macht Menschen glücklich? Das ist erst einmal etwas sehr Subjektives. Ein Song von Britney Spears, der mich total glücklich macht, kann andere in den Wahnsinn treiben. Auf Bühnen zu stehen kann für den einen Menschen pures Glück bedeuten, für eine andere Person ist es eine Horrorvorstellung. Und ich kann euch sagen: Ein Buch zu schreiben macht mich in manchen Momenten unglaublich glücklich, in anderen Momenten bereitet es mir wahnsinnig

Angst – trotzdem schätze ich mich unterm Strich glücklich, diese Möglichkeit zu haben.

Der Forschungsbereich der positiven Psychologie konnte in den letzten Jahren viele Erkenntnisse zu den allgemeinen Faktoren für Glück gewinnen. Im Gegensatz zur traditionellen Psychologieforschung, die sich vor allem auf psychische Krankheiten und Defizite konzentrierte, orientiert sich die positive Psychologie zum Beispiel auf die Erforschung von Optimismus, psychischem Wohlbefinden – und Glück.

In den Studien zu Glück könnte ich mich manchmal verlieren, weil sie so viele unterschiedliche, so viele spannende Einblicke geben. Aber es existieren einige positive Faktoren für Glück, die sich fast in jeder Forschung wiederfinden:

Beziehungen

Menschen sind grundsätzlich soziale Wesen (ja, darüber lässt sich manchmal streiten, aber eigentlich ist es genetisch so vorgesehen). Soziale Interaktion liegt in unserer Natur, deshalb spielen andere Menschen eine entscheidende Rolle für unser Glück. Wir haben das angeborene Bedürfnis, starke und stabile zwischenmenschliche Beziehungen zu haben. Wie wir in Kapitel 4 gesehen haben, hilft uns das zum Beispiel, um Resilienz aufzubauen.

Bei Beziehungen geht es – wie fast immer im Leben – nicht um Quantität, sondern um Qualität. Ausgewählte soziale Beziehungen können uns glücklicher machen als ein riesiger Kreis von losen Bekanntschaften, zu denen wir aber keine wirkliche emotionale Verbindung haben. Eine der bisher längsten Studien zu Glück, die 1938 an der Harvard University begann und das Leben von 724 Männern (Frauen waren damals als Probandinnen nicht zugelassen) fünfundsiebzig Jahre lang verfolgte, ergab, dass gute Beziehungen die wichtigsten Faktoren für dauerhaftes Glück sind. Der Harvard-Psychologe Robert Waldinger, der über die besagte Studie einen millionenfach geklickten TED Talk gehalten hat, sagt, dass Einsamkeit genauso tödlich sein kann wie Rauchen oder Alkoholismus.

Hilfsbereitschaft

Unsere sozialen Beziehungen sind wichtig für unser Glücksgefühl, und das wird noch verstärkt, wenn wir anderen helfen können. Anderen zu helfen gibt uns ein Gefühl der Sinnhaftigkeit. Ein spannendes Experiment hat gezeigt, dass bei Menschen, die wöchentlich für andere etwas Gutes tun, nach vier Wochen sogar ein verringerter Entzündungswert im Blut nachgewiesen werden konnte.

In einer Untersuchung mit 70 000 Proband*innen, die 2020 im *Journal of Happiness Studies* veröffentlicht wurde, konnte außerdem festgestellt werden, dass sich bei Menschen, die sich mindestens einmal im Monat ehrenamtlich engagieren, die mentale Gesundheit deutlich verbessert.

Aber es muss nicht zwingend ein ehrenamtliches Engagement sein. Das Helfen kann auch im direkten sozialen Umfeld stattfinden, wenn wir einer Freundin etwas Gutes tun, einem engen Bekannten Rat geben oder anderen Menschen finanziell helfen, zum Beispiel durch Spenden.

Gutes tun tut uns also selbst gut. Helfen macht uns glücklicher.

Ich engagiere mich schon mein ganzes Erwachsenenleben ehrenamtlich, und wenn ich davon erzähle, werde ich manchmal angeschaut, als wäre ich Mutter Teresa. Dabei mache ich das auch deshalb, weil es mich selbst glücklicher macht.

Viele Menschen scheuen sich umgekehrt davor, andere um Hilfe zu bitten, und ich finde, hier hilft das Bewusstsein über den Zusammenhang mit Glück sehr: Wenn ich weiß, dass es jemanden glücklicher machen könnte, mir zu helfen, bin ich vielleicht auch offener, um Hilfe zu bitten.

Dankbarkeit

Auch Dankbarkeit steht in direktem Zusammenhang mit Glück. Dankbarkeit hilft uns, positive Momente bewusst wahrzunehmen und unseren damit verbundenen Gefühlen Raum zu geben. Wenn wir unsere Dankbarkeit anderen Menschen gegenüber ausdrücken, wird nicht nur unser eigenes Glücksgefühl gestärkt, sondern ebenso die Beziehung zueinander.

In ihrer Studie zu Dankbarkeit konnten die Psychologen Robert A. Emmons (University of California) und Michael E. McCullough (University of

Miami) nachweisen, dass schon das wöchentliche Aufschreiben von Dingen, Momenten oder von Namen von Menschen, für die wir dankbar sind, uns glücklicher macht.

Zudem ist es sehr wichtig, dankbar uns selbst gegenüber zu sein. Dankbar für das, was unser Körper leistet, für die Tage, an denen es uns mental und körperlich besser geht als an anderen. Dankbar für das, was wir geschafft haben, für die Dinge, die wir erreicht haben, und die Menschen, die uns vielleicht dabei geholfen haben. Dankbarkeit ist etwas, das nichts kostet, kaum Aufwand braucht, aber andere Menschen und euch selbst glücklich machen kann.

Kindness

Für das Wort „Kindness" gibt es aus meiner Sicht keine so richtig passende Übersetzung. „Freundlichkeit" oder „Nettigkeit" trifft es nicht annähernd. Für mich ist Kindness eine Emotion, die uns und andere glücklich machen kann. Das Gefühl, wenn mir ein Kollege meine Lieblingsschokolade mitbringt, eine fremde Frau mir im Vorbeilaufen ein Kompliment für mein Kleid macht, mir eine Freundin ohne bestimmten Grund schreibt, dass sie gerade an mich denkt. Ein Gefühl, das einen ganzen Tag oder manchmal sogar ein ganzes Leben anhalten kann. Kindness erwartet keine Gegenleistung, keinen Dank, keine Anerkennung.

Als ich vor vielen Jahren alleinerziehend und finanziell in einer schwierigen Situation war, hat mir eine Person einen Gutschein für mein Lieblingscafé geschickt. Ich weiß bis heute nicht, wer es war. Aber es macht mich immer noch so glücklich – und ich hoffe, diese Person auch!

Vielleicht haben einige von euch auch so einen Moment, in dem eine Person etwas Nettes gesagt hat, einen Satz, der schon Jahre zurückliegt, aber der euch immer noch glücklich macht. Wie schön wäre die Vorstellung, wenn wir diese Erinnerung für eine andere Person sein könnten?

In einer Studie aus dem Jahr 2019 konnte genau das nachgewiesen werden: Kindness macht uns glücklich, und dabei ist es ganz egal, ob wir zu Freund*innen, zur Familie oder zu ganz fremden Menschen „kind" sind.

Kindness muss nichts kosten, Kindness kann eine Minute für uns sein, aber für die andere Person ein Leben lang anhalten.

Es gibt noch viele andere Aspekte, die unser Glücksgefühl beeinflussen können, etwa Achtsamkeit, auch als Mindfulness bekannt. Das hat für mich auch wieder viel mit Dankbarkeit zu tun, weil es darum geht, im Moment zu leben, Augenblicke bewusst wahrzunehmen und achtsam für die Dinge und Menschen in unserem Leben zu sein.

Auch die Fokussierung auf unsere eigenen Stärken kann uns dabei helfen, glücklicher zu sein. Wenn wir uns unserer eigenen Stärken bewusst werden und sie aktiv einsetzen können, steigert das unsere Selbstwirksamkeit und damit unser Glücksgefühl.

Auf dem Gymnasium war ich eine relativ schlechte Schülerin, weil weder Latein noch Mathematik zu meinen Stärken gehörten (und ich zugegebenermaßen auch keine Lust hatte, diese Fächer zu meinen Stärken zu machen). Ich war aber dafür immer engagiert, so als Klassensprecherin oder Schülersprecherin. Als ich das Gymnasium verließ, um meine Ausbildung zur Kinderpflegerin zu starten, war ich in der Berufsschule nicht nur plötzlich eine Einser-Schülerin, sondern auch viel glücklicher als in den Jahren davor. Offensichtlich gehört das Soziale zu meinen Stärken, und es macht mich glücklich, wenn ich diese Stärke ausleben kann.

Umgekehrt gibt es aber ebenso viele Faktoren, die uns unglücklich machen. Dabei ist das Vergleichen besonders gefährlich – und trotzdem etwas, das mir selbst auch immer wieder passiert. Wenn wir uns mit anderen vergleichen, stellen wir oft fest, dass es uns an etwas fehlt, dass sie etwas haben, das wir nicht haben, materiell oder persönlich.

Aber ein gesunder Vergleich kann uns dabei helfen, herauszufinden, welche Eigenschaft wir an anderen bewundern – und so vielleicht sogar dazu führen, dass wir diese Eigenschaft selbst trainieren. Allerdings ist der beste Vergleich, den wir anstellen können, der mit uns selbst. Bin ich heute ein besserer Mensch zu mir und anderen als vor einem Jahr? Die Frage lässt sich sicher nicht jeden Tag mit einem klaren Ja beantworten, aber sie kann uns helfen, in die richtige Richtung zu wachsen.

Aber genau das kann dann schnell in Perfektionismus ausarten. Wenn wir ein unrealistisches Maß an Erwartungen an uns selbst und unsere Leistungen haben, setzt uns das unter Druck und hindert uns daran, glücklich zu sein. Ich hatte lange die Vorstellung, dass dieses Buch perfekt sein müsste, um zu beweisen, dass ich es kann, auch wenn ich keine Autorin bin. Hier kommt offensichtlich mal wieder der Impostor durch. Aber ich bin nicht perfekt, warum sollte es also dieses Buch sein?

Es geht nicht darum, jeden Tag besser oder perfekter zu sein als am Vortag, sondern mehr um das Ergebnis unterm Strich. Pragmatismus statt Perfektionismus also.

Wenn wir nach Perfektionismus streben, wenn wir immer besser, schneller, erfolgreicher sein wollen, wenn wir immer mehr haben wollen, wenn wir ständig auf etwas hinarbeiten, das in unserer Vorstellung makellos ist, macht uns das dauerhaft unglücklich.

Ich finde in diesem Zusammenhang einen Werbespot ziemlich interessant. In ihm sitzen Kinder in einem Raum zusammen, ihnen wird eine Süßigkeit hingelegt und versprochen, noch mehr davon zu bekommen, wenn sie damit warten, die Süßigkeit zu essen. Ich würde mir wünschen, dass wir viel öfter die Süßigkeit, die wir gerade haben, direkt essen, den Moment, der gerade da ist, genießen, als darauf zu warten, was vielleicht noch Besseres kommen könnte.

Im Gespräch mit einer meiner Mentees ging es kürzlich genau darum. Sie ist in einer Familie groß geworden, die von finanzieller Armut geprägt war und in der es wichtig war, sich hochzuarbeiten. Also hat sie genau das getan. Als Erste in ihrer Familie hat sie das Gymnasium besucht, studiert und mit Mitte zwanzig sogar promoviert. In unseren Mentoring-Gesprächen wurde aber ganz oft der nächste Schritt thematisiert – und zu selten das, was sie schon erreicht hatte, selten erwähnte sie Dankbarkeit für sich selbst. Immer wieder habe ich versucht, sie daran zu erinnern, und in einem Gespräch habe ich sie gefragt: „Was würden sich denn deine Eltern für dich wünschen?"

Als ich noch als Kinderpflegerin arbeitete, war das eine Standardfrage, die ich Eltern in Gesprächen gestellt habe: „Was wünschen Sie sich am meisten für Ihr Kind?" Und die häufigste Antwort war: „Ich wünsche mir, dass es glücklich wird." Und genau das war auch die Antwort meiner Mentee: „Sie wünschen sich, dass ich glücklich bin."

Wichtig ist, dass wir ein stärkeres Bewusstsein für Glück entwickeln und ihm die Bedeutung zumessen, die es für uns persönlich, aber vor allem auch gesellschaftlich hat. Forschungsergebnisse und Erkenntnisse aus der positiven Psychologie haben etwa zu Maßnahmen wie dem *World Happiness Report* der Vereinten Nationen geführt, mit dem seit mehr als zehn Jahren Expert*innen aus den Bereichen

Wirtschaft, Psychologie, Analyse und Statistik die Entwicklung des Wohlbefindens in verschiedenen Ländern der Welt messen, um so die Entwicklung von Nationen ganzheitlich bewerten zu können.

Auch wenn die Redewendung „Arbeit ist das halbe Leben" nicht ganz zutrifft, verbringen wir doch einen erheblichen Teil unseres Lebens mit Arbeit. Könnten wir zumindest den Großteil davon glücklich sein, würde das nicht nur unsere Arbeits-, sondern auch unsere Lebensqualität und damit die unserer Gesellschaft enorm verbessern. Glückliche Mitarbeitende sind nachweislich produktiver, bessere Teamplayer, haben weniger Krankheitstage und lassen sich seltener abwerben, selbst wenn mehr Gehalt in Aussicht ist. In seinem Buch *Das Happiness-Prinzip* beschreibt der US-amerikanische Autor Shawn Achor, dass ein Unternehmen mit glücklichen Mitarbeitenden seinen Umsatz um 37 Prozent und seine Produktivität um 31 Prozent steigern kann.

Wir erinnern uns: Glück ist zu 50 Prozent genetisch vorbestimmt, zehn Prozent sind von unseren Lebensumständen abhängig – und 40 Prozent hängen von unserer eigenen Einstellung ab. Übertragen auf die Arbeitswelt: Heißt das, dass es nur zu zehn Prozent auf die Arbeitsumstände ankommt und es größtenteils an uns selbst liegt, wenn wir nicht glücklich sind? Das wäre zu kurz gedacht und würde Arbeitgebende aus der Verantwortung nehmen. Wie sehr wir die 40 Prozent der eigenen Einstellung für unser persönliches Glücksgefühl in der Arbeitswelt nutzen können, hängt nämlich stark von der jeweiligen Unternehmenskultur ab.

Was Mitarbeitende glücklich macht

In Unternehmen und Teams arbeiten Menschen mit unterschiedlichen Hintergründen, einzigartigen Persönlichkeiten und verschiedenen, manchmal sogar konträren Erwartungen. Was einen Menschen glücklich macht, macht einen anderen vielleicht unglücklich. Für Unternehmen und Führungskräfte ist es also eine große Herausforderung, ein Umfeld zu schaffen, das möglichst vielen Menschen die Chance gibt, glücklich zu sein.

Ich kann mich noch gut daran erinnern, als ich vor einigen Jahren zum ersten Mal über eine „Feel Good Managerin" las und absolut begeistert von diesem Job-Titel und einer solchen Entwicklung war. Zum Feel Good Manager kamen schnell weitere Titel wie „Chief Happiness Officer" oder sogar „Jolly Good Fellow", was die offizielle Jobbezeichnung des Google-Ingenieurs Chade-Meng Tan war.

Natürlich ist es gut, wenn es Mitarbeitende gibt, die hinterfragen, wie bewusst ein Unternehmen sich über die Bedeutung von Glück und Wohlbefinden in der Arbeitswelt ist und wie das nachhaltig gefördert werden kann. Eine Unternehmenskultur hängt trotzdem nie von einzelnen Personen ab, sondern von allen Menschen, die Teil des Unternehmens sind.

Was können Unternehmen also tun, was können wir in der Arbeitswelt verändern, damit Mitarbeitende glücklicher sind?

Erst einmal sollte eine Bestandsaufnahme gemacht werden, um den Status quo zu erfassen. Wollen Unternehmen ihren Gewinn steigern, wird der Gewinn des aktuellen Zeitraums mit dem vorhergehenden verglichen. Mit dem Glück ist es nicht anders. In den meisten Unternehmen gibt es mittlerweile Mitarbeitendenbefragungen, und auch wenn darin selten konkrete Fragen zu Glück aufgelistet sind, finden sich bei genauerem Hinschauen ganz sicher Anhaltspunkte.

In vielen Geschäften gibt es inzwischen Devices, in denen Kund*innen per Ampelsystem bewerten können, wie zufrieden sie waren. Das könnte auch ein simples, aber effektives Tool für Unternehmen und Teams sein. Aber egal ob Mitarbeitendenbefragung oder Ampelsystem, es ist wichtig, dass die Messung anonym stattfindet, ansonsten sind die Ergebnisse verfälscht.

Im nächsten Schritt geht es um die Unternehmenskultur. Unternehmenskultur ist nichts, was auf eine interne Website geschrieben wird, sondern etwas, das von allen Mitarbeitenden jeden Tag gelebt wird. In dem Buch *Collective Emotions* geben die Herausgeber Christian von Scheve und Mikko Salmela einen Überblick über bisherige Theorien zu kollektiven Emotionen. Ihr Nenner: Vernetzte Systeme, die aus mehreren emotionalen Lebewesen bestehen, haben so etwas wie Gesamt-Emotionen.

Unternehmen haben also eine Unternehmensemotion, und die wird von der Unternehmenskultur direkt beeinflusst.

Eine Unternehmenskultur sollte immer auf Werten beruhen (welche Bedeutung Werte haben, schauen wir uns im nächsten Kapitel genauer an), die eine gemeinsame Verantwortung deutlich machen und bestenfalls einen Sinn vermitteln. Denn Mitarbeitende, die sich an Werten orientieren können, denen Verantwortung übertragen wird und die einen Sinn in ihrer Arbeit sehen, sind glücklicher.

Ein Aspekt ist außerdem Flexibilität. Die Pandemie hat gezeigt: Mitarbeitende sind nicht einfach nur Mitarbeitende, sondern Menschen mit ganz unterschiedlichen persönlichen und familiären Herausforderungen. Es ist wichtig, dass Unternehmen Flexibilität in Arbeitsbedingungen, aber auch in den jeweiligen Aufgaben und Entwicklungsmöglichkeiten schaffen. Nicht alle wollen und können Vollzeit arbeiten, Menschen erledigen Aufgaben auf unterschiedliche Art und Weise, haben nicht alle die gleiche Vorstellung von Karriere. Schaffen Unternehmen mehr Flexibilität, desto mehr Chancen haben Mitarbeitende, sich so zu entwickeln, dass sie sich glücklich fühlen.

Am Anfang dieses Kapitels haben wir gesehen, welche Bedeutung Beziehungen für unser persönliches Glücksgefühl haben – und dazu zählen auch Arbeitsbeziehungen. Schließlich verbringen wir mit unseren Teams an manchen Tagen mehr Zeit als mit unserer Familie. In ihrem Buch *The Happiness Track* beschreibt die Stanford-Forscherin Emma Seppälä, dass Mitarbeitende, die Freundschaften am Arbeitsplatz haben, nicht nur glücklicher und gesünder, sondern auch produktiver und engagierter sind. Unternehmen sollten also Raum für soziale Interaktionen schaffen – und damit meine ich nicht nur einen Kickertisch, sondern gelebte Communitys und Teamaktivitäten.

Auch Dankbarkeit sollte in Unternehmen gelebt und gefördert werden. Das kann zum Beispiel ein Lob sein, mit dem wir ausdrücken, was eine Person geschafft hat und wie dankbar wir dafür sind. Das muss übrigens nicht allein von einer Führungskraft kommen, sondern funktioniert genauso gut unter Kolleg*innen. Ich folge dabei der Devise: „Kritik so privat wie möglich, Lob so öffentlich wie möglich." In vielen Collaboration-Plattformen gibt es mittlerweile sogar eigene Funktionen dafür, und ich versuche das regelmäßig zu nutzen und mich öffentlich bei Kolleg*innen zu bedanken. Am liebsten am Montagmorgen, um direkt mit einem guten Gefühl in die Woche zu starten, denn: Dankbarkeit macht glücklich.

Hilfsbereitschaft hat ebenfalls einen enormen Wert für Unternehmen, weil es nicht nur auf individueller Ebene glücklich macht, sondern auch die Zusammenarbeit fördert. Unternehmen sollten Mitarbeitende also dazu motivieren, sich gegenseitig zu helfen und das auch wertzuschätzen. Bei Zielvereinbarungsgesprächen kann festgehalten werden, wie Mitarbeitende andere Kolleg*innen bei deren Projekten unterstützen können.

Sind Mitarbeitende mit ihrer Arbeit grundsätzlich glücklich, aber durch andere Faktoren in ihrem Leben belastet, sinkt ihre Produktivität. Deshalb sollten Unternehmen auch ein Eigeninteresse haben, die physische und psychische Gesundheit ihrer Mitarbeitenden zu fördern, mit Sportmöglichkeiten, psychologischen Beratungsangeboten, Trainings oder Fortbildungen zu mentaler Gesundheit.

Glücklichsein ist nicht die Lösung für all unsere Probleme. Auch glückliche Menschen können krank werden, Krisen durchleben, Jobs verlieren. Und umgekehrt sind nicht alle glücklichen Menschen effizient, kreativ oder großzügig.

Aber wenn wir einen großen Anteil unseres eigenen Glücks beeinflussen können (40 Prozent!), sollten wir das doch tun, oder?

Und weil wir nun mal einen großen Teil unseres Lebens mit Arbeiten verbringen, sollte es auch dort mehr Bewusstsein für die Bedeutung von Glück geben – nicht zuletzt, weil es einen enormen Einfluss auf den Unternehmenserfolg haben kann.

Da mir das wirklich am Herzen liegt, auch an dieser Stelle folgender Hinweis:

Wenn eine Person Depressionen hat oder sich in einer depressiven Phase befindet, ist es absolut unpassend und auch gefährlich zu sagen: „Versuch doch ein bisschen glücklicher zu sein!" Depression ist eine Krankheit und hat nichts damit zu tun, wie sehr eine Person versucht, glücklich zu sein.

Unser Glücksgefühl hängt zu 50 Prozent von unserer Genetik, zu zehn Prozent von äußeren Umständen und zu 40 Prozent von uns selbst ab. Wenn wir glücklich sind, sind wir gesünder und produktiver. Deshalb sollte Glück auch im Arbeitsumfeld eine große Bedeutung haben.

Glücksmomente

Für mich sind Dankbarkeit und Hilfsbereitschaft die effektivsten und gleichzeitig einfachsten Möglichkeiten, unser persönliches Glücksgefühl, aber ebenso das anderer Menschen positiv zu beeinflussen. Weder für Dankbarkeit noch für Hilfsbereitschaft brauchen wir irgendwelche Tools, wir können sie quasi jederzeit umsetzen.

Egal wo ihr gerade seid und was ihr gerade macht, überlegt euch drei Dinge, für die ihr im Moment dankbar seid. Für eure Gesundheit, für euer Zuhause – vielleicht auch für eine Person.
Wenn euch hier ein Mensch in den Kopf kommt, dann schreibt dieser Person doch einfach eine kleine Nachricht oder schickt – ganz oldschool – eine Postkarte.

Ich kann euch versprechen, das macht euch selbst und die andere Person glücklich.

Und auch Hilfsbereitschaft lässt sich in so vielen Momenten im Alltag leben. Haltet doch mal ganz bewusst die Augen auf, wo und wem ihr helfen könnt. Vielleicht braucht ein älterer Herr im Supermarkt Hilfe. Vielleicht gibt es eine Person in der Nachbarschaft, für die ihr etwas tun könnt. Oder eine Kollegin, die ihr bei einem Projekt unterstützen könnt (nicht vergessen: empathisch darauf achten, ob die Person auch Hilfe möchte). Ihr könnt auch einer fremden Person ein Kompliment machen.

11

Warum Werte ein Kompass für unser Leben sein können

Emotionen können unsere Bedürfnisse und Werte ausdrücken. Aber was sind unsere Werte eigentlich? Unsere Werte werden geprägt durch die Gesellschaft, in der wir aufwachsen, unsere Familien und vieles mehr. Wir sind immer selbst Teil eines Wertesystems, aber wir können und sollten auch unser ganz persönliches Wertesystem entwickeln – oder besser gesagt, uns darüber bewusst werden und es vielleicht definieren. Denn entwickelt haben wir es meistens schon.

Ich kann mich noch sehr gut daran erinnern, als meine erste Mentorin mich vor ungefähr zehn Jahren fragte: „Was sind deine Werte?" Wir kannten uns noch nicht lange, ich war gerade in einer Business-Welt gelandet, die vollkommen fremd für mich war. Mein Impostor dachte sofort: Wenn du darauf keine Antwort weißt, wirst du als Hochstaplerin entlarvt!

Aber das Schöne ist: Es gibt auf diese Frage gar keine falsche Antwort. Und auch keine Antwort zu haben ist nicht schlimm, im Gegenteil: So haben wir die Chance, einen Kompass für unser Leben und unsere Entscheidungen zu finden. Werte können nämlich exakt das sein: ein innerer Kompass, den wir immer dabeihaben und der uns die richtige Richtung zeigt. Der uns helfen kann, Stolpersteine nicht als Hindernisse, sondern als Stufen nach oben zu sehen. Der uns hilft, auch mal innezuhalten und den Ausblick zu genießen, anstatt immer nur geradeaus zu laufen.

Und genau das war es, was mir meine Mentorin damals zeigen wollte.

Für mich gab es ganz offensichtlich nicht den geraden Weg, nicht die eine Route, der ich beruflich gefolgt bin, und das hat sich für mich damals sehr komisch angefühlt. Ich wusste nicht so recht, wo ich hinwollte, und schon gar nicht, wer ich denn war, wenn ich das, was ich immer sein wollte – Kinderpflegerin –, nicht mehr war. Und dort, wo ich jetzt war, kannte ich mich überhaupt nicht aus. Ich kannte die Sprache nicht, nicht die Umgebung, ich war orientierungslos. Also brauchte ich einen Kompass, der mir half, meine Orientierung wiederzufinden.

Meine Mentorin hatte mir die Aufgabe mitgegeben, meine eigenen Werte zu definieren, und das war alles andere als einfach. Mich hat sehr beeinflusst, welche Werte wohl von mir erwartet werden würden und welche Werte „die richtigen" sein könnten. All das hatte mich ziemlich verunsichert. Heute weiß ich, dass das ganz typisch ist. Werte, die uns von unserer Gesellschaft und unserem Umfeld vorgelebt werden oder eben als Erwartungen an uns gestellt werden, können uns oft stark unter Druck setzen und eben auch verunsichern. Das können Werte wie Verständnis, Harmonie oder Geduld sein, die durch Medien, aber auch unsere Familien noch immer an Mütter gestellt werden. Von jungen Menschen werden häufig Fleiß, Bescheidenheit und Ehrgeiz gefordert.

Diese Werte sind nicht per se schlecht, im Gegenteil. Aber wenn wir unsere persönlichen Werte definieren, ist es wichtig, darauf zu achten, dass es auch wirklich unsere persönlichen Werte sind und nicht Werte, von denen wir glauben, ihnen gerecht werden zu müssen.

Die Frage meiner Mentorin hat dazu geführt, dass ich mir damals über meine Werte bewusst geworden bin und sie mir als Kompass dabei geholfen haben, mich in einer Welt zurechtzufinden, in der ich mich nicht auskannte. Aber auch dazu, dass ich mir genau diese Frage seitdem gegen Ende jeden Jahres selbst aufs Neue stelle, um zu sehen, ob und wie sich meine persönlichen Werte verändert haben. Genau das ist daran toll: Werte geben keinen genauen Weg vor, sondern eine ungefähre Richtung. Und je nachdem, wie wir uns selbst, aber auch wie sich unser Umfeld verändert, darf sich die Richtung auch ein bisschen ändern.

Was Werte für unsere persönliche Entwicklung bedeuten

Seit einigen Jahren habe ich das Glück, selbst Mentorin sein zu dürfen, und wahrscheinlich könnt ihr euch denken, welche Frage ich meinen Mentees zu Beginn stelle. Es begeistert mich jedes Mal, zu sehen, was es ausmacht, wenn sie ihren eigenen Kompass finden und sich bewusst darüber werden, was ihnen wirklich wichtig ist, und auch, was sie wertvoll macht. Das hilft nicht nur auf persönlicher Ebene, sondern wir profitieren gesellschaftlich davon, ebenso als Teams, wenn Menschen nach ihren Werten leben und sogar arbeiten können.

Wenn wir wissen, was uns im Leben wichtig ist, was das Leben und was die Welt für uns wertvoll macht oder wertvoller machen würde, hilft uns das in vielen Alltagssituationen weiter. Und unsere Gefühle können uns wichtige Signale geben, um genau das herauszufinden: Was begeistert mich? Was macht mich wütend? Was macht mich glücklich?

Wahrscheinlich wenig überraschend: Mich begeistern Gefühle. Mich macht es glücklich, wenn ich sehe, dass Menschen sich ihrer Gefühle bewusst werden und sie nutzen. Mich macht es traurig und manchmal wütend, wenn ich erlebe, dass Gefühle keinen Raum bekommen.

Also ist einer meiner drei wichtigsten Werte Mitgefühl.

Aber als mir meine Mentorin damals diese Frage stellte, war das noch nicht so. Vermutlich, weil mir die Bedeutung und die Kraft von Emotionen noch nicht so bewusst waren, aber auch, weil ich in einer ganz anderen Phase meines Lebens war. Genauso wie wir selbst wachsen und uns verändern, können sich unsere Werte im Laufe unseres Lebens verändern.

Als Kinder geben unsere Eltern Werte an uns weiter, bewusst oder unbewusst – und nicht immer sind das gute Werte. Gehorsam zum Beispiel. Wir leben den ersten Teil unseres Lebens auf der Grundlage dessen, was uns beigebracht und vor allem vorgelebt wurde. Aber als Erwachsene sollten wir selbst entscheiden, was für uns am wichtigsten ist. Einige Werte aus der Kindheit bleiben vielleicht gleich, andere müssen wir lernen loszulassen, und neue Werte kommen dazu.

Werte haben aber auch immer nur den Wert, den wir ihnen geben. Meine Werte sind mittlerweile eine Art Filter, der mir dabei hilft, meine Energie und meine Gefühle so zu fokussieren, dass sie mit meinen Werten übereinstimmen. Und ganz oft können Werte eine konkrete Entscheidungshilfe sein. Welche Option hat am meisten mit meinen Werten zu tun?

Vor Kurzem hat mir das Fokussieren bei einer sehr herausfordernden Job-Entscheidung geholfen. Ich hatte die Möglichkeit, intern eine neue Aufgabe zu übernehmen, war aber mit meinem alten Job und vor allem den Menschen in meinem Team absolut glücklich. Tagelang habe ich hin und her überlegt, bis mich mein Coach an meine Werte erinnerte – und plötzlich war die Entscheidung glasklar. Neben Mitgefühl ist nämlich Vielfalt ein wichtiger Wert für mich. Und in dieser neuen Aufgabe bin ich für genau das verantwortlich: Diversity.

Werte können auch dabei helfen, mehr Selbstvertrauen und wirkliches Selbstbewusstsein zu entwickeln. Wenn ich weiß, welche Werte mir wichtig sind, wenn ich sie authentisch lebe und dafür einstehe, werde ich auch genau dafür wahrgenommen.

Ich bin kein Fan vom Begriff „Personal Branding", weil er suggeriert, dass wir als Mensch eine Marke werden sollen. Vielleicht wäre „Personal Values" besser? Weil es eigentlich genau darum geht: Wofür stehe ich ein? Wofür möchte ich wahrgenommen werden? Wie schaffe ich es, das, was mir wichtig ist, zu kommunizieren?

Und diese Werte können uns dann mit anderen Menschen verbinden, die ähnliche Werte haben, die für ähnliche Themen einstehen – so entstehen Netzwerke. In den letzten Jahren ist mir bewusst geworden, dass die Werte Diversität und Inklusion eine große Bedeutung für mich haben. Auch, dass wir die Einzigartigkeit von Menschen wahrnehmen, dass wir die Vielfalt unserer Gesellschaft schätzen und dass wir uns empathisch dafür einsetzen, dass möglichst alle Menschen gerechte Chancen haben.

Wie uns Werte verbinden können

Weil Werte für mich so eine große Bedeutung haben, habe ich mich mit Menschen ausgetauscht, denen sie auch wichtig sind, um so von ihnen lernen zu können und mein Netzwerk zu erweitern. Mehr und mehr habe ich angefangen, mich aktiv in Projekten zu engagieren, darüber zu schreiben, das zu posten, dazu auf Panels zu diskutieren.

Tatsächlich bin ich über meine eigenen Werte, aber auch das Thema Werte an sich auf die gemeinnützige Bildungsinitiative GermanDream aufmerksam geworden, die sich für die Vermittlung von gesellschaftlichen Werten einsetzt. Durch Gespräche, sogenannte Wertedialoge, die verschiedene

Wertebotschafter*innen deutschlandweit mit jungen Menschen führen, will die Initiative unabhängig von Herkunft, Hautfarbe, Konfession oder Lebensentwurf Werte, die in unserem Grundgesetz verankert sind, vermitteln.

Das Konzept hat mich so begeistert, dass ich selbst eine Wertebotschafterin geworden bin. Wieder regelmäßig mit Kindern arbeiten zu können und mit ihnen über Werte sprechen zu dürfen ist für mich ein großes Geschenk – auch weil ich weiß, was das für mich selbst damals bedeutet hätte.

Und ich habe auch die Gründerin der Initiative, Düzen Tekkal, kennengelernt. Düzen ist mittlerweile nicht nur Teil meines Netzwerks; sie hat mir viele Türen geöffnet und mich mit wichtigen Entscheider*innen aus Gesellschaft und Politik vernetzt, und sie ist mir auch eine sehr enge Freundin geworden.

Das Beispiel zeigt, welche Kraft Werte haben und wie sehr sie uns dabei helfen können, unsere persönliche und vielleicht auch berufliche Orientierung zu finden. Meine Werte und vor allem mein Netzwerk haben dazu beigetragen, einen Job machen zu dürfen, in dem ich mich jeden Tag mit Werten beschäftigen kann und in dem ich mich selbst wertvoll fühle. Mir ist bewusst, dass das ein sehr großes Privileg ist.

Wie wir Werte in unserer Arbeit finden

Vielleicht habt ihr schon mal den Begriff „Ikigai" gehört. „Ikigai" ist japanisch und setzt sich aus den Worten *iki* für „Leben" und *gai* für „Wert" zusammen. Sinngemäß geht es um den Wert unseres Lebens und das, was das Leben für uns wertvoll macht. Letztlich aber es ist ein Begriff für eine

Emotion, für die es in der deutschen Sprache keine direkte Übersetzung gibt – so wie für *hygge* aus Kapitel 9.

Ikigai ist eine Art der Selbstfindung, die tief in der japanischen Kultur verankert ist. Manche glauben sogar, dass Ikigai der Grund für die Zufriedenheit und die hohe Lebenserwartung der Menschen in Japan ist. Kein Wunder also, dass die westliche Kultur diese philosophisch ausgerichtete Denkform insbesondere in Businessbereichen übernommen hat.

Für meinen Geschmack wird aber viel heiße Luft in vermeintlichen Management-Seminaren produziert, in denen versprochen wird, mit Ikigai die Traumkarriere zu finden, es würde damit immer höher, immer weiter gehen, man würde besser sein als andere und bestenfalls auch noch steinreich werden. Dabei sollte Ikigai kein Business-Buzzword sein, sondern das, was uns wirklich begeistert, was uns antreibt und was für uns Sinn unseres Lebens sein kann. Karriere zu machen und reich zu sein ist nicht für alle Menschen der Sinn des Lebens.

Das Bild, das für Ikigai heute häufig genutzt wird, ist eine Grafik des spanischen Autors André Zuzunaga, mit sich mehrfach überschneidenden Kreisen, die aus Passion, Mission, Beruf und Berufung das persönliche Ikigai entstehen lassen.

Auch wenn dieses Bild nicht „original japanisch" ist und Karriere nicht das Ziel unseres Ikigai sein sollte, kann es helfen, uns über das, was das Leben lebensWERT macht, bewusst zu werden.

Wenn wir versuchen, jeden dieser Kreise und überschneidenden Kreisteile mit unseren persönlichen Beispielen und Antworten zu befüllen, kann das zweifelsohne augenöffnend sein.

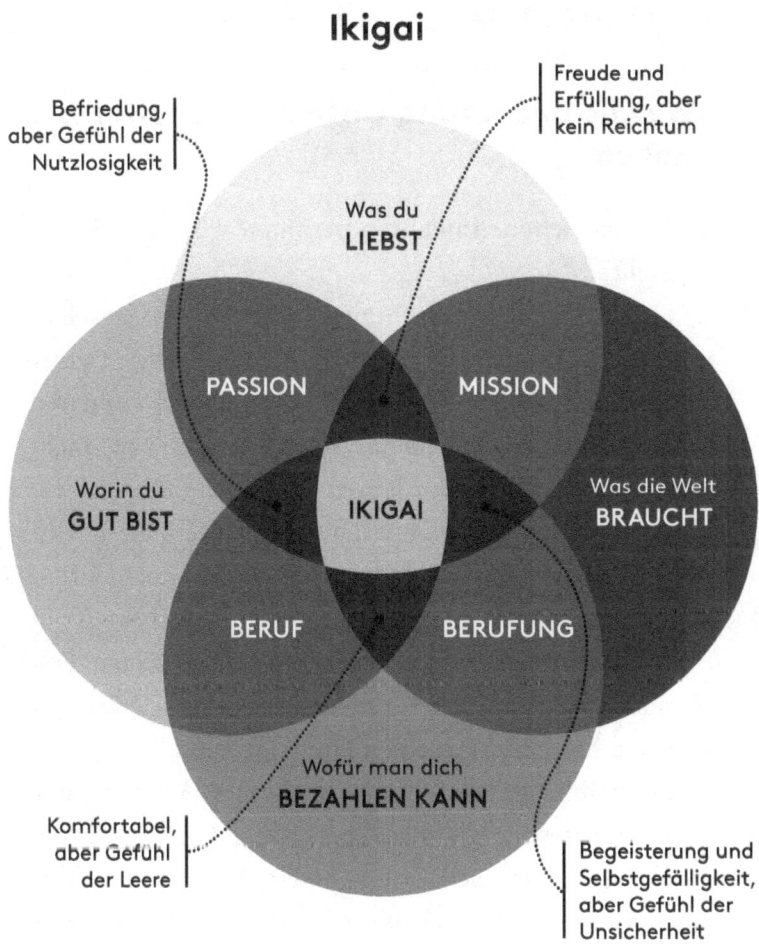

Ikigai

Befriedung,
aber Gefühl der
Nutzlosigkeit

Freude und
Erfüllung, aber
kein Reichtum

Was du
LIEBST

PASSION

MISSION

Worin du
GUT BIST

IKIGAI

Was die Welt
BRAUCHT

BERUF

BERUFUNG

Wofür man dich
BEZAHLEN KANN

Komfortabel,
aber Gefühl
der Leere

Begeisterung und
Selbstgefälligkeit,
aber Gefühl der
Unsicherheit

Das Diagramm zeigt, dass wir – selbst wenn sich das manchmal so anfühlt – nie allein auf dieser Welt sind, sondern immer Teil eines großen Ganzen. Dass wir alle Eigenschaften und Fähigkeiten haben, die uns wertvoll machen, die die Welt braucht. Und vor allem, dass es nicht den einen geraden Weg oder Plan gibt.

Welche Bedeutung Unternehmenswerte haben

Wurde euch schon einmal die berühmte Fünf-Jahres-Frage gestellt?

„Wo sehen Sie sich selbst in fünf Jahren?" – das ist schon fast eine klischeeartige Frage in Bewerbungs- oder Zielvereinbarungsgesprächen. Seit meinem Quereinstieg kann und will ich diese Frage nicht mehr beantworten. Ich kann nicht sagen, wie ich mich in fünf Jahren entwickelt habe und wie sich mein Leben in den nächsten fünf Jahren verändern wird. Aber ich bin mir sehr sicher, dass meine Werte auch in fünf Jahren noch ähnlich sein werden. Vielleicht nicht mehr in der jetzigen Priorisierung, aber sicher im Allgemeinen. Deshalb finde ich einen Werte-Kompass auch beruflich viel sinnvoller und hilfreicher als einen Fünfjahresplan.

Unternehmenswerte können dabei eine Art gemeinsamer, übergreifender Kompass sein. Fast jede Organisation hat mittlerweile eigene Werte definiert, die bestenfalls den Sinn und das Leitbild des Unternehmens widerspiegeln. Die Werte einer Organisation sollten die Grundlage dafür sein, warum das Unternehmen existiert, wie Verhaltensnormen definiert und wie Entscheidungen getroffen werden, um Ziele zu erreichen und die Unternehmensmission zu erfüllen.

Authentisch gelebte Unternehmenswerte können außerdem dabei helfen, Talente für sich zu gewinnen. Unter den jüngeren Generationen, Gen Z und Millennials, sind Unternehmenswerte in den letzten Jahren sogar wichtiger geworden als das Gehalt – und diese Dynamik wurde durch die Pandemie verstärkt, vermutlich, weil die Situation vielen Menschen gezeigt hat, was ihnen wirklich wichtig ist.

Auch 70 Prozent der Verbraucher*innen geben an, ihre Kaufentscheidungen an Werten auszurichten. Unternehmenswerte haben also einen direkten Einfluss auf den Unternehmenserfolg.

Eine Studie aus dem Jahr 2020 hat ergeben, dass Unternehmen mit einem starken und authentischen Wertebewusstsein in einem Zeitraum von zwölf Jahren ihren finanziellen Unternehmenswert um 175 Prozent steigern konnten – die durchschnittliche Wachstumsrate lag bei 86 Prozent.

Aber das kann auch nach hinten losgehen. Wenn Unternehmen Werte nur als Marketing nutzen, beispielsweise Diversity-Kampagnen nur zu bestimmten Anlässen aufsetzen, aber nicht mit dauerhaften Initiativen und nachhaltigen Aktionen vertreten, hat das schon den ein oder anderen Shitstorm verursacht.

Egal ob es sich bei den Unternehmenswerten um Grundwerte wie „Respekt" oder Zukunftswerte wie „Nachhaltigkeit" handelt – sie sind nur dann erfolgreich und vor allem authentisch, wenn sie im Alltag gelebt werden. Werte zu definieren ist eine Sache, sie wirklich in die Unternehmens-kultur zu integrieren ist etwas ganz anderes. Dabei geht es wieder einmal um das Vorleben. Werte an Wände zu schreiben, auf T-Shirts oder Kaffeetassen zu drucken hat wenig Effekt, wenn Führungskräfte sie nicht glaubhaft verkörpern.

Genau wie bei unseren persönlichen Werten sollten Unternehmenswerte also in sämtliche Entscheidungen und Prozesse integriert werden. Bei Einstellungsverfahren genauso wie bei Bonus-Entscheidungen, bei Partnerschaften mit anderen Unternehmen, Produktentwicklungen, Kampagnen und vieles mehr. Vom ersten Vorstellungsgespräch bis zum letzten Arbeitstag sollten die Mitarbeitenden spüren, dass die Unternehmenswerte die Grundlage für jede Entscheidung sind. Werte haben wenig Gewicht, wenn sie nicht mit messbaren Aktivitäten und Verhaltensweisen verbunden sind.

Genauso wie Werte für viele Bewerbende eine wichtige Entscheidungsgrundlage sind, sollte es auch für Unternehmen sein. Viele Fähigkeiten können Menschen lernen, und in den meisten Unternehmen hat deshalb Weiterbildung inzwischen zu Recht einen hohen Stellenwert. Aber Werte sind selten etwas, das Menschen lernen können, sie sollten davon überzeugt sein. Deshalb ist ein sogenannter Value Fit, also das Hinterfragen von persönlichen Werten und der Gegencheck, ob diese zu den Unternehmenswerten passen, heute für viele Organisationen ein fester Bestandteil von Bewerbungsprozessen.

Mitarbeitende, die aufgrund ihrer Abschlüsse eingestellt werden, aber nicht wirklich zur Unternehmenskultur passen, werden nie dauerhaft erfolgreich sein, das Unternehmen wertvolle Ressourcen und den jeweiligen Teams viele herausfordernde Emotionen kosten.

Auch wenn Werte eine grundsätzliche Überzeugung sein sollten, ist es wichtig, in Teams regelmäßig über die Unternehmenswerte zu sprechen, um zum Beispiel voneinander zu lernen, was der jeweilige Wert auf persönlicher Ebene bedeutet. Respekt kann für mich eben anders aussehen als für meine Kollegin.

Dabei entstehen zu den Unternehmenswerten oft noch Teamwerte, je nach Verantwortungsbereich. In einem Team, das sich um Finanzen kümmert, könnte (und sollte) das zum Beispiel Genauigkeit sein.

Diese Gespräche sind für internationale und interkulturelle Teams besonders angebracht, weil Werte in verschiedenen Kulturen und Sprachen unterschiedliche Bedeutungen haben können. Um Inklusion zu leben und Missverständnisse zu vermeiden, ist es also elementar, voneinander zu lernen, was bestimmte Werte bedeuten.

Führungskräfte haben hierbei eine besondere Aufgabe: Es geht nämlich nicht nur darum, die Unternehmenswerte vorzuleben und damit Vorbild zu sein, sondern den Mitarbeitenden auch widerzuspiegeln, was sie persönlich wertvoll für das Unternehmen macht. Zu wissen, welchen Wert das Unternehmen in mir sieht, macht mich nicht nur glücklich und produktiver, sondern stärkt ebenso meine Zugehörigkeit.

Persönliche Werte können also ein Kompass für mich selbst sein und Unternehmenswerte ein Kompass für die Organisation. Dabei müssen die persönlichen Werte nicht immer deckungsgleich mit dem Unternehmen sein, bei dem eine Person arbeitet. Tatsächlich ist das vermutlich so gut wie nie der Fall, weil Organisationen nun mal keine Menschen sind.

Und genauso muss mein Job mir auch nicht zwingend ermöglichen, alle meine Werte in meinem Beruf ausleben zu können. Es ist ein großes Privileg, falls das der Fall ist, aber die Realität sieht oft anders aus. Umgekehrt könnte es aber schwierig sein, wenn die persönlichen Werte gegensätzlich zum Unternehmen stehen. Eine Person, für die Nachhaltigkeit ein großer persönlicher Wert ist, aber bei einem Ölkonzern arbeitet, könnte das auf Dauer emotional sehr herausfordernd werden. Aber Menschen, die sich für Nachhaltigkeit interessieren, müssen natürlich nicht unbedingt in einem Unternehmen arbeiten, das genau das zum Ziel hat.

Wir können unsere Werte auch in unternehmensinternen Communitys, Projekten oder eben im Alltag leben.

Das Reflektieren unserer persönlichen Werte, der Gencheck zu Unternehmenswerten und regelmäßige Teamgespräche können einen enormen Effekt auf unseren beruflichen und persönlichen Erfolg haben.

Wenn wir uns unserer Werte bewusst sind, können sie ein wichtiger Kompass für unser Leben sein und uns helfen, Mitgefühl mit uns selbst und anderen Menschen zu haben.

Werte-Definition

Um unsere Werte als Kompass nutzen zu können, sollten wir herausfinden, was aktuell die wichtigsten Werte für uns sind. Hier kann ich den Online-Wertetest von „Ein guter Plan" (einguterplan.de/werte-test) sehr empfehlen, innerhalb von zehn Minuten könnt ihr die für euch selbst wichtigsten Werte finden.

Wenn ihr das lieber auf dem Papier machen möchtet, dann kreist bitte von den nachfolgenden Werten die zwölf für euch wichtigsten ein:

Harmonie	Natürlichkeit
Freiheit	Sicherheit
Verantwortung	Behutsamkeit
Glück	Effektivität
Lust	Effizienz
Herzlichkeit	Bewusstheit
Achtsamkeit	Hoffnung
Mitgefühl	Optimismus
Sinn	Ehrlichkeit
Humor	Frieden
Leichtigkeit	Verbundenheit
Freude	Beweglichkeit
Selbstbestimmung	Vernetzung
Ruhe	Integration
Gelassenheit	Lebensfreude
Leidenschaft	Weiterentwicklung
Offenheit	Schutz
Loyalität	Gemeinschaft

Zugehörigkeit	Entwicklung
Balance	Geborgenheit
Ausgeglichenheit	Akzeptanz
Offenheit	Toleranz
Großzügigkeit	Kraft
Präzision	Zärtlichkeit
Besonnenheit	Sinnlichkeit
Glaubwürdigkeit	Lebenslust
Beharrlichkeit	Ästhetik
Ausdauer	Vielfalt
Tradition	Gelassenheit
Spiritualität	Sportlichkeit
Gesundheit	Häuslichkeit
Austausch	Wissen
Großzügigkeit	Einsicht
Nachhaltigkeit	Engagement
Begeisterung	Liebe
Frieden	Weisheit
Toleranz	Rücksicht
Tradition	Aufregung
Veränderung	Lust
Kompetenz	Flexibilität
Genuss	Spaß
Kommunikation	Klarheit
Verbindlichkeit	Gerechtigkeit
Zuverlässigkeit	Fröhlichkeit
Ordnung	Ernsthaftigkeit
Kreativität	Natürlichkeit
Schönheit	Klugheit
Vitalität	Leidenschaft
Erfolg	Neugierde
Demut	Fantasie
Dankbarkeit	Treue
Tiefe	Herausforderung

Lachen	Würde
Besonnenheit	Kompetenz
Geduld	Hingabe
Träumen	Unabhängigkeit
Freundschaft	Integrität
Wärme	Menschlichkeit
Einzigartigkeit	Güte
Kultur	Wandel
Ruhm	Perfektion
Würde	Zuversicht
Gleichmut	Beständigkeit
Fairness	Achtung
Stabilität	Reichtum
Wertschätzung	Fülle
Fairness	Frohsinn
Sorgfalt	Leistung
Bescheidenheit	Erfolg
Innovation	Heimat
Macht	

Schreibt eure zwölf Werte untereinander und startet mit dem ersten, indem ihr ihn mit den anderen vergleicht. Welcher Wert ist euch wichtiger? Macht einen Punkt dahinter. Dann vergleicht ihr den zweiten Wert mit allen anderen (außer mit dem ersten, diese beiden habt Ihr ja schon einander gegenübergestellt). Macht so mit allen zwölf Werten weiter, bis ihr alle miteinander verglichen habt.
Die drei Werte mit den meisten Punkten sind eure Hauptwerte und können euer Kompass für die nächsten Monate sein.

12

Warum die Arbeitswelt der Zukunft emotional ist

In der Arbeitswelt, aber auch im Privaten ist Veränderung immer präsent. Ob Buzzwords wie „Change" oder „New Work" oder ein persönlicher Neuanfang: Für Veränderung brauchen wir Gefühle. Wir brauchen Mut und Vertrauen. Vertrauen in die Zukunft, in die Gesellschaft, in unsere Mitmenschen und vor allem in uns selbst.

Vertrauen braucht Mut, und genauso braucht Mut Vertrauen. Das klingt vielleicht im ersten Moment widersprüchlich, aber ich habe oft genug selbst erlebt, dass das eine immer das andere bedingt.

Es braucht immer ein bisschen Mut, um einem Menschen oder einer neuen Situation zu vertrauen. Und es braucht Vertrauen in uns selbst, in andere Menschen, in eine Situation, um Mut aufbringen zu können.

Dabei bedeutet Mut nicht, keine Angst zu haben, sondern Dinge trotzdem zu tun, Menschen trotzdem zu vertrauen, uns selbst zu vertrauen, in die Zukunft zu vertrauen – auch dann, wenn wir ein bisschen Angst haben.

Emotionen wie Mut und (Selbst-)Vertrauen sollten wir bewusst trainieren, weil es welche sind, die wir brauchen, um zukunftsfähig zu sein. Der *Future of Jobs Report* des Weltwirtschaftsforums besagt, dass 65 Prozent der heutigen Grundschüler*innen in Berufen arbeiten werden, die es noch nicht gibt. Eine ziemlich beeindruckende Zahl, oder? Aber wenn ich an meine Jobs der letzten zehn Jahre denke – Community Managerin, Social-Media-Managerin, Head of Digital Channels –, dann hat es die tatsächlich alle während meiner Grundschulzeit noch nicht gegeben.

Mein Quereinstieg war sicher die für mich bisher größte berufliche Veränderung. Ich wusste nicht, wo ich hinwollte, und auch nicht, wer ich sein wollte – aber ich wusste, dass ich mich verändern muss, um meine Zukunft selbst bestimmen zu können.

Doch zurück zum Report des Weltwirtschaftsforums. Regelmäßig wird in diesem untersucht, was die wichtigsten Fähigkeiten für die Zukunft sind. Im letzten Bericht aus dem Jahr 2020 sind die folgenden zehn Skills aufgeführt:

1. Analytisches Denken und Innovation
Die Fähigkeit, Situationen zu analysieren, Probleme zu erkennen und mit neuen Herangehensweisen zu lösen.

2. Aktives Lernen und Lernstrategien

Das Bewusstsein, dass Lernen ein fortlaufender Prozess ist, und die Fähigkeit, eine persönliche Strategie dafür zu entwickeln.

3. Komplexes Lösen von Problemen

Die Fähigkeit, Probleme, für die es keine einfache, direkte oder offensichtliche Lösung gibt, zu bewältigen.

4. Kritisches Denken und Analyse

Das selbstständige und reflektierte Hinterfragen von Begebenheiten und Entscheidungen.

5. Kreativität, Originalität und Initiative

Die Bereitschaft, aus eigenem Antrieb neue, ungewöhnliche Herangehensweisen zu finden.

6. Führungsqualitäten und sozialer Einfluss

Die Fähigkeit, mit Menschen zusammenzuarbeiten und empathisch und überzeugend zu sein.

7. Technologieeinsatz, Überwachung und Kontrolle

Die Fähigkeit, Technologien nutzen zu können und sie zu hinterfragen.

8. Technologiegestaltung und -programmierung

Die Fähigkeit, Technologien individuell und situativ anzupassen.

9. Resilienz, Stresstoleranz und Flexibilität
Mit herausfordernden und unvorhergesehenen Situationen umgehen zu können.

10. Logisches Denken und Ideenfindung
Die Fähigkeit, eine Verbindung zwischen Ereignissen und ihren Folgen herzustellen, um so neue Ideen zu entwickeln.

Bis auf die Punkte 7 und 8 haben alle Skills etwas mit emotionaler Intelligenz zu tun. Eine Studie von Organisationswissenschaftler*innen der University of Pennsylvania von 2021 zeigt, dass Teams, die offen mit Emotionen umgehen und Empathie leben, ihre Problemlösungsfähigkeit verbessern und innovativere Ideen entwickeln.

Wenn wir einen Blick in die Zukunft werfen, wird auch deutlich, warum den vom Weltwirtschaftsforum genannten Skills so eine große Bedeutung zugeschrieben wird: Wir werden nämlich mit und neben künstlichen Intelligenzen und Robotern arbeiten. Und dann sind es genau diese Eigenschaften, die wir brauchen: Emotionalität, Empathiefähigkeit und Menschlichkeit. Um diese Fähigkeiten für die Zukunft zu entwickeln, benötigen wir ein Umdenken in der Bildungs- und Arbeitswelt.

Die Schulbildung sollte sich grundlegend ändern, um Kinder entsprechend vorzubereiten und sie so zukunftsfähig zu machen. Es bräuchte in unseren Lehrplänen Fächer für Emotionen, Empathie, Resilienz, Werte, Glück und so vieles mehr.

Ich würde mir wünschen, dass wir Kinder nicht mehr fragen: „Was willst du werden?", sondern: „Wie willst du werden?", weil das viel mehr Raum gibt. Raum für deren Persönlichkeit, deren Werte, deren Emotionen – aber auch Raum für die vielen Berufe, die in der Zukunft noch entstehen werden.

Es wird in der Arbeitswelt der Zukunft nicht mehr darum gehen, was Menschen schon wissen oder was sie sind, sondern darum, was sie fähig sind zu lernen. Und ehrlich gesagt ist das jetzt schon so. Das, was ich weiß, macht einen relativ kleinen Teil meiner Arbeit aus. An den meisten Tagen und in den meisten Projekten geht es darum, Wege zu gehen, die ich noch nicht kenne, und Neues zu probieren.

Was Empathie zum unterschätzten Rohstoff für die neue Arbeitswelt macht

In ihrem Buch Selbstbild beschreibt die Stanford-Psychologin Carol Dweck diese Einstellung als „Growth Mindset". In ihrer Arbeit verbindet sie Entwicklungs-, Sozial- und Persönlichkeitspsychologie und untersucht das Mindset, die Einstellung, die Überzeugung und das Selbstkonzept von Menschen. Das Growth Mindset beschreibt dabei die Einstellung von Menschen, denen bewusst ist, dass sie immer weiterwachsen, lernen, sich ständig weiterentwickeln und sich neu erfinden können – und das auch aktiv tun.
Genau das ist es, was Innovation ausmacht, in dem Wort steckt es schließlich schon drin. Das lateinische Verb *innovare* bedeutet „erneuern" – jetzt könnte ich ausführlich darüber schreiben, wie wenig innovativ es war, dass ich in

meiner Schulzeit mehr Latein als Englisch gelernt habe, aber das wäre ein ganz anderes Thema.

Wobei, eigentlich ist es genau das Thema. Bevor ich nämlich bei meinem jetzigen Arbeitgeber genau das tun konnte, Neues zu lernen, habe ich viel Zeit damit verbracht, besseres Englisch zu lernen, um mich selbstsicherer zu fühlen. Sprache ist grundlegend für gegenseitiges Verständnis und um voneinander lernen zu können – und unsere Unternehmenssprache ist eben Englisch.

Gegenseitiges Verstehen hat aber nicht nur mit der gesprochenen Sprache zu tun, sondern ganz viel mit dem Kommunikationsstil, unserer gegenseitigen Offenheit – mit Empathie. Denn um Innovation zu ermöglichen, müssen wir neue Perspektiven einnehmen, versuchen, Kolleg*innen und vor allem auch mögliche Kund*innen zu verstehen.

Sucht man im Netz nach Bildern für „Innovation", findet man viele technische und abstrakte Darstellungen. Dabei ist für echte Innovation etwas tief Menschliches essenziell: Empathie. Das ist zugleich herausfordernd als auch erleichternd. Denn für Empathie als Basis von Innovation gibt es in unserer aktuellen Arbeitswelt zu wenig Bewusstsein (aber wir alle können Empathie lernen, siehe Kapitel 7).

Empathie ist der unterbewertete Rohstoff von Innovation und ein wichtiger Treiber für unsere Zukunftsfähigkeit. Wenn wir empathisch zuhören, wenn wir uns in unsere Zielgruppen, ihre Bedürfnisse, ihre Herausforderungen hineinversetzen, können wir echte Innovation schaffen. Wenn wir empathisch mit unseren Mitmenschen und Kolleg*innen umgehen, wenn wir versuchen, uns in sie einzufühlen, wenn wir die (Arbeits-)Welt aus ihrer Perspektive sehen, können wir viele Dinge lernen, über den Tellerrand und dadurch mit mehr Weitblick in die Zukunft schauen.

Unternehmen sollten deshalb ein großes Interesse daran haben, Empathie strategisch zu fördern, denn Marktforschung, Umfragen oder Analysen allein reichen nicht, um wirklich zu verstehen, was Kund*innen brauchen oder wie Unternehmen wahrgenommen werden. Es geht vielmehr darum, auf die verbalen und nonverbalen Signale der diversen Menschen innerhalb der Organisationen – Mitarbeitende, Partner*innen, Kund*innen und Vorgesetzte – zu achten und sie einzubeziehen. Denn um Umfragen und Analysen richtig interpretieren zu können, ist Empathie elementar.

Nicht nur in meiner aktuellen Position, sondern auch in den Jahren davor war ich immer wieder in Projekte, Communitys und Teams involviert, die sich damit beschäftigt haben, wie wir Empathie lernen, Inklusion umsetzen und damit Vielfalt erreichen können. Und eines hatten alle diese Projekte gemeinsam: Sie waren innovativ und hatten fast immer einen direkten Bezug darauf, wie die Zukunft der Arbeitswelt verbessert werden könnte.

Vor einiger Zeit wechselte ich nach mehr als fünf Jahren in der Unternehmenskommunikation in die Personalabteilung, um dort die Verantwortung für Diversity und Inklusion zu übernehmen. Ein Thema, das auf den ersten Blick vielleicht nach Buzzwords aussieht, aber grundlegend wichtig für die Innovationskraft und Zukunftsfähigkeit von Unternehmen ist.

Zu den Mythen, die in der Arbeitswelt gerne verbreitet werden, gehört, dass Diversität und Inklusion den Fortschritt bremsen. Tatsächlich ist das Gegenteil der Fall: Fehlende Diversität, also ein Mangel an Vielfalt und Verschiedenartigkeit, mindert die Effektivität, die Innovation und den Erfolg von Unternehmen – das hat auch eine Studie der Boston Consulting Group herausgefunden. Dieser Effekt zeigt sich besonders deutlich in komplexen Unternehmen mit hohem Innovationsbedarf, also dort, wo es am nötigsten wäre. Vielfalt dagegen fördert die Kreativität durch die Vielzahl an Perspektiven und Hintergründen, die eingebracht werden.

Diversity und Inklusion sind nicht nur Werte, sondern auch eine Verantwortung, die Unternehmen tragen. Zu ihr gehört es, Produkte und Technologien möglichst barrierefrei und zugänglich für alle zu gestalten und so in der Arbeitswelt der Zukunft mehr Teilhabe zu ermöglichen. Unternehmen können das zum Beispiel tun, indem sie möglichst viele unterschiedliche Menschen in den Design- und Entwicklungsprozess einbeziehen, um ihre Perspektiven und Bedürfnisse kennenzulernen und in neuen Produkten berücksichtigen zu können. Und zu dieser Verantwortung gehört auch, innerhalb des Unternehmens Arbeitsmöglichkeiten zu schaffen, die niemanden ausschließen. Gelebte Empathie, Diversität und Inklusion – sie führen zu Innovation.

Das beinhaltet auch emotionale Diversität. Projekte, die meiner Kollegin großen Spaß machen, können mich verunsichern. Große Meetings und Brainstorming mit vielen Personen können mich begeistern, einen Kollegen aber extrem stressen. Deshalb braucht die Arbeitswelt der

Zukunft Flexibilität, die es den unterschiedlichen Menschen ermöglicht, so zu arbeiten, dass sie ihr ganzes Potenzial nutzen können und Raum zum Wachsen haben.

Die Pandemie hat uns gelehrt, empathischer miteinander zu sein. Wir haben nicht nur gemerkt, dass wir alle im selben Boot sitzen. Wir haben auch persönliche Einblicke in das Leben unserer Kolleg*innen bekommen, etwa wenn Kinder oder die Mitbewohnenden während einer Videokonferenz durchs Bild laufen. Früher hat man versucht, Privatleben von der Arbeit zu trennen. Diese Abgrenzung funktioniert nicht. Wir können unser privates Ich nicht von unserem professionellen Ich trennen. Natürlich haben wir im Laufe des Tages verschiedene Rollen, das heißt aber nicht, dass wir unsere Gefühle einfach ablegen, sobald wir am Schreibtisch sitzen. Klüger ist es, zu schauen, wie wir unsere ganze Persönlichkeit im Job einbringen können.

Flexibles Arbeiten wird die Pandemie überdauern, und ich hoffe, dass es in Zukunft keine Frage mehr ist, wann und wo wir arbeiten, sondern, dass alle Menschen so arbeiten können, wie es sich für sie am besten anfühlt – weil davon am Ende immer auch die Teams und Unternehmen profitieren. Selbst wenn diese Veränderung für einige Unternehmen eher unfreiwillig und durch die Pandemie bedingt war, ist sie in vielen Bereichen zu einem Katalysator für die Zukunftsfähigkeit von Organisationen geworden.

Die Zukunft der Arbeit ist nichts, was uns einfach so passiert, sondern etwas, das wir alle aktiv mitgestalten können. Wir haben die Macht, ein Teil dieser Veränderung zu sein. Es liegt an uns, ob wir diese Macht nutzen, um auf persönlicher Ebene, aber auch als Gesellschaft zu wachsen. Je mehr sich Menschen in Veränderungsprozesse einbringen, desto größer ist die Chance, dass sie sich in diesen Prozessen später auch wohlfühlen. Was wir nicht kennen, kann uns immer ein bisschen Angst machen, aber wenn wir Teil der Veränderung werden, wird die Angst kleiner.

Umgekehrt profitieren Unternehmen davon, die Mitarbeitenden stärker in die Veränderungs- und Zukunftsprojekte einzubinden, weil sie so nicht nur die Möglichkeit haben, besser zu verstehen, was die Mitarbeitenden brauchen, sondern auch auf ihre emotionale Intelligenz zurückgreifen können.

Dabei finde ich es notwendig, die Zukunft der Arbeitswelt nicht zu romantisieren. In der Zukunft wird nicht alles besser sein, nicht alle Unternehmen mehr Erfolg haben und nicht alle Menschen in neuen, fluffigen Jobs arbeiten. Genauso wird die Zukunft der Arbeit oder „New Work" nichts sein, wo wir irgendwann angekommen sind, sondern ein fortlaufender Prozess. Deshalb hilft es auch hier wieder, einen Kompass zu haben, statt einem strikten Plan zu verfolgen.

Wie emotionale Agilität uns helfen kann, zukunftsfähig zu werden

Die Zukunft ist nichts, was wir genau planen können. Wir sollten flexibel sein, um uns an noch unbekannte Umstände anzupassen. Dieser Weg führt sicher nicht direkt nach oben. Aber würden wir auf unserer beruflichen Reise nur hinaufschauen, nur den nächsten Schritt im Blick haben, könnten wir im Zweifelsfall die schönste Aussicht verpassen.

Trotzdem können solche Veränderungsprozesse – insbesondere auf persönlicher Ebene – auch extrem anstrengend sein und vielleicht sogar Schmerzen verursachen. Eine meiner Mentees hat im letzten Jahr sehr mit ihrer Arbeitssituation zu kämpfen gehabt, und das hat bei ihr zu vielen Selbstzweifeln geführt. Ein Job, der eigentlich ihr Traumjob war, hat sich plötzlich nicht mehr richtig angefühlt, und es fiel ihr sehr schwer, zu verstehen, warum. Von außen betrachtet war es allerdings sehr offensichtlich: Sie war fachlich und persönlich so sehr gewachsen, dass ihr die Rolle, die vorher perfekt gepasst hatte, einfach zu klein geworden war.

Hattet ihr als Kind Wachstumsschmerzen? Wenn wir persönlich oder beruflich wachsen, sind Wachstumsschmerzen ganz normal. Wichtig ist, zu erkennen, wann wir uns von einer Rolle trennen müssen.

Das Wichtigste bei Veränderungsprozessen ist das Loslassen. Manchmal ist es einfacher, zu entscheiden, was wir gehen lassen möchten, als zu wissen, womit wir neu anfangen wollen. So auch bei meiner Mentee. Nachdem ich ihr gespiegelt hatte, wie offensichtlich ihr ihre Rolle zu eng geworden ist, war das für sie nicht nur erleichternd, sondern plötzlich auch ganz leicht, das zu akzeptieren und innerlich loszulassen. Viel schwerer fiel ihr, herauszufinden, welche neue Rolle zu ihr passen könnte, wonach sie suchen sollte. Um uns dafür den Raum zu geben, sollten wir darauf achten, wie wir über unseren Beruf sprechen.

Schon als Kind wusste ich, dass ich Kinderpflegerin werden wollte. Und solange ich in diesem Beruf arbeitete, sagte ich selbstverständlich und stolz: „Ich bin Kinderpflegerin."

Heute weiß ich, dass ich mich so sehr mit und über diesen Beruf identifiziert habe, dass es mir lange schwerfiel, mich in meiner neuen Realität wohlzufühlen. Weil ich das, von dem ich dachte, dass ich es bin, auf einmal nicht mehr war. Um eine ungesunde Identifikation mit dem eigenen Job zu vermeiden und uns selbst mehr emotionale Agilität in beruflichen Veränderungsprozessen zu geben, kann es helfen, wenn wir anstatt „Ich bin …" lieber „Ich arbeite als …" sagen.

Niemand von uns kann genau wissen, wie die Zukunft aussehen, was sich persönlich und beruflich für uns verändern wird, wie die Arbeitswelt sich genau entwickelt. Wir haben keine Glaskugel, in die wir schauen können, um im Detail zu wissen, wer wir einmal sein werden. Aber wir können entscheiden, wer wir jetzt sein wollen. Wir können alle entscheiden, ob wir abwarten wollen, was passiert, oder ob wir mitgestalten wollen. Und das braucht Mut, Kreativität, Vertrauen, Empathie, es braucht Emotionen.

In der Technologie-Branche gibt es oft die Berufsbezeichnung „Evangelist" für Menschen, deren Aufgabe es ist, andere für neue Technologien zu begeistern. Vielleicht brauchen wir Emotional Evangelists, um Menschen für die Arbeitswelt der Zukunft zu begeistern.

Wenn wir es schaffen, die (emotionale) Diversität unserer Gesellschaft als Chance zu betrachten und Inklusion empathisch umzusetzen, können wir, als Teams, als Unternehmen und als Gesellschaft, wirklich innovativ und zukunftsfähig sein.

Zukunftsutopie

Eine Utopie ist ein Ort, den es (noch) nicht gibt. Utopien beschreiben Vorstellungen von Gesellschaften oder Welten, die aus unserer Sicht ideal sind, in denen es den Menschen besser geht.

- Wie würde in eurer Zukunftsutopie unsere Arbeitswelt aussehen?
- Was wäre anders als heute?
- Wie würden die Menschen arbeiten?
- Welche Rolle würden ihre Emotionen dabei spielen?
- Wie würden sich Unternehmen dadurch verändern?
- Und welche eine Sache könnten wir heute tun, um dieser Utopie einen Schritt näher zu kommen?

Wenn ihr wollt, könnt ihr auf der Internetseite Zukunftsmail.com eine Nachricht an euer Zukunfts-Ich schreiben, in der ihr eure Hoffnungen, Wünsche und Antworten auf die oben genannten Fragen aufschreibt und beispielsweise in fünf Jahren an euch selbst schickt.
Manchmal kann so etwas wie eine positive Bestärkung wirken, um die Veränderungen, die wir uns wünschen, Realität werden zu lassen.

13

Warum aus „Human Resources" „Human Relations" werden sollten

Die logische Konsequenz aus all den Themen, um die es in den vorhergegangenen Kapiteln ging, ist, dass zwischenmenschliche Beziehungen in der Arbeitswelt eine sehr viel größere Bedeutung bekommen. Aus HR, der Abkürzung für Human Resources, sollte deshalb Human Relations werden.

Wir sollten Menschen nicht mehr als Arbeitsressource, sondern als die einzigartigen Persönlichkeiten, die sie sind, begreifen. Bei der Auswahl von Mitarbeitenden und Kolleg*innen sollten wir darauf achten, wie sie mit ihren eigenen und den Emotionen anderer Menschen umgehen und auch, ob sie bereit sind, ihre eigenen Emotionen zu nutzen, um sich weiterzuentwickeln.

Die Pandemie hat dazu geführt, dass wir unsere Beziehungen und das, was uns wirklich wichtig ist, neu überdenken. Die Menschen, mit denen wir arbeiten, machen einen Großteil unserer zwischenmenschlichen Beziehungen aus, und für die meisten Menschen ist es ein Bedürfnis, sich ihren Teams und Kolleg*innen zugehörig zu fühlen. Wenn Organisationen und Unternehmen das nicht anerkennen, steigt das Risiko, dass Menschen diese Arbeitsbeziehungen beenden.

Die „Great Attrition"-Studie zur Fluktuation am Arbeitsmarkt von dem Unternehmensberater McKinsey zeigt, dass mehr als 50 Prozent der Beschäftigten, die während der Pandemie gekündigt haben, sich von den Menschen, mit denen sie arbeiten, nicht wertgeschätzt oder sich nicht zugehörig fühlten – schlimmstenfalls beides. 46 Prozent der Befragten gaben außerdem an, dass ihnen gegenseitiges Vertrauen und Fürsorge fehlten. Diese Zahlen machen deutlich, welche Bedeutung empathische Arbeitsbeziehungen und Emotionen für die Zukunft unserer Arbeitswelt haben.

Dabei geht es nicht darum, dass unsere Arbeit alle zwischenmenschlichen Bedürfnisse erfüllen muss oder wir mit allen Menschen, mit denen wir zusammenarbeiten, eine gute Beziehung haben müssen. Aber umgekehrt werden Unternehmen, die den Wert von zwischenmenschlichen Beziehungen nicht anerkennen, Mitarbeitende verlieren. Und es liegt nahe, dass das genau die sein werden, die emotionale Intelligenz und Empathie mitbringen.

Sowohl für unsere zwischenmenschlichen Bedürfnisse als auch für unsere persönliche und berufliche Weiterentwicklung sind Netzwerke wichtig. Menschen, von denen wir lernen können, Menschen, die uns inspirieren, Menschen, die uns unterstützen. Ein Netz wie auf Spielplätzen, das uns hilft, weiter nach oben zu klettern, und ein Netz, das uns auffängt, falls wir mal fallen sollten. Aber das funktioniert nur, wenn Netzwerken nicht als reines Sammeln von Kontakten genutzt wird, sondern dafür, um wirklich empathische, menschliche Verbindungen aufzubauen, die nicht nur einseitig genutzt werden, sondern von beiden Seiten gelebt werden.

Weil ich wusste, dass ich mich nicht nur aus eigener Kraft weiterentwickeln kann, habe ich früh angefangen, mir ein Netzwerk aufzubauen. Ich bin unglaublich dankbar für die vielen Menschen, die mir beim Hochklettern geholfen oder mich aufgefangen haben, wenn ein Schritt einmal nicht der richtige war.

Leider habe ich auch erlebt, wie Personen Netzwerke ausgenutzt haben, nur um selbst weiter nach oben zu kommen. Personen, die nicht die Menschen, sondern nur den eigenen Nutzen im Blick hatten und die, sobald sie oben waren, das Netzwerk nicht mehr gepflegt haben. Auf Dauer wird das nicht gut gehen. Weil wir die Verantwortung haben, uns gegenseitig zu helfen, weil ein Netzwerk nur funktioniert, wenn es von allen Seiten gehalten wird, aber vor allem: Weil es kein Sicherheitsnetz mehr gibt, wenn diese Menschen mal stolpern oder sogar fallen.

Starke Netzwerke können uns aber nicht nur dabei helfen, uns beruflich weiterzuentwickeln, sondern sie unterstützen uns ebenso dabei, Beziehungen zu Menschen aufzubauen, die ähnliche Werte und Interessen wie wir haben. Das ermöglicht uns, selbst außerhalb unseres Berufs gemeinsam an Projekten, Themen und Werten zu arbeiten, die uns wichtig sind. Denn unser Beruf kann und muss nicht immer Teil unserer Berufung sein, die können wir ebenso außerhalb unseres Jobs finden.

Aber es kann auch umgekehrt sein. Ich habe schon einige Menschen kennengelernt, die ihren Beruf zu ihrer Berufung gemacht haben. Eine Person, die mir dabei immer einfällt, ist der Barista in meinem Lieblingscafé. Viele arbeiten in Cafés, um sich etwas dazuzuverdienen oder Ausbildungen zu finanzieren, und das ist vollkommen legitim. Aber für Bojan ist es kein Beruf, sondern seine Berufung. Ich kenne niemanden, der so aufmerksam, empathisch und freundlich ist wie er. Er kennt alle beim Namen, nicht nur Stammkund*innen, sondern auch Menschen, die vielleicht erst ein paarmal bei ihm waren. Und er weiß nicht nur, wie die Menschen heißen, sondern was sie beim letzten Mal getrunken haben. Bojan weiß, dass ich morgens einen doppelten Espresso trinke und im Sommer nachmittags gerne einen Kaffee mit Eiswürfeln. Er kennt meine Stimmung, er kann sich erinnern, woran ich arbeite, er fragt nach meiner Familie, er merkt sich jedes Detail.

Irgendwann habe ich ihn gefragt, wie er das schafft, und er meinte nur: „Lena, ich mache nicht einfach nur Kaffee. Ich habe das Glück, jeden Tag mit Menschen sprechen zu dürfen. Und ein kurzes Gespräch an der Kaffeebar kann oft den ganzen Tag nachwirken. Ich will, dass die Menschen sich bei mir nicht nur Kaffee holen, sondern ein gutes Gefühl. Das sind nicht nur meine Kund*innen, das ist für mich wie eine große Familie." Jetzt wisst ihr, warum das mein Lieblingscafé ist.

Was Zwischenmenschlichkeit im Arbeitsalltag bedeutet

Bojan ist ein wunderbares Beispiel dafür, wie ein Beruf zu einer Berufung werden kann. Und dafür, warum es im Beruf eben nicht nur um „Connections" geht, nicht nur um „Vitamin B", sondern um echte, menschliche und empathische Verbindungen.

Als ich das Privileg hatte, Menschen einzustellen, war es mir deshalb immer wichtig, dass eine menschliche Verbindung existierte. Das hieß nicht, dass ich mit allen Personen, mit denen ich gearbeitet habe, eine private Freundschaft hatte oder dass diese Beziehungen die gleiche Tiefe hatten. Aber es gab jedes Mal eine menschliche Verbindung, weil ich davon überzeugt war, dass uns das hilft, uns gegenseitig wertzuschätzen, empathisch zu sein und besser miteinander zu arbeiten. Und das ist noch heute so. In meinem alten Team hatte ich übrigens irgendwann den Spitznamen „Mama-Lena".

Der Fokus auf das Zwischenmenschliche kann uns auch dabei helfen, zu sehen, welches (Entwicklungs-)Potenzial Menschen haben. Und ehrlich gesagt sind Stellenanzeigen dafür leider kaum hilfreich. Oft sind sie so formuliert, dass Bewerbende gar nicht erst verstehen, worum es wirklich geht. Und falls sie es doch einigermaßen einordnen können, gibt es spätestens bei den Skills Ernüchterung, wenn dort unrealistisch viele Anforderungen aufgelistet sind. Dabei sollte es vor allem darum gehen, was Menschen lernen können.

Wüsstet ihr, was ein Communications Analytics Lead macht? Oder ein Communications Manager Digital Storytelling? In meinem Fall war das eigentlich ein und dieselbe Rolle in meinem Team. Aber weil ich wusste, dass eine Ausschreibung mit einem solchen Titel relativ nichtssagend und für manche auch abschreckend sein könnte, habe ich sie auf drei Eigenschaften reduziert und das so in meinen Netzwerken öffentlich geteilt: „Ich suche einen Menschen, der weiß, wie 1. Kommunikation gemessen werden kann, 2. Inhalte produziert werden und 3. Menschen gut zusammenarbeiten und miteinander wachsen."

Das mag vielleicht erst einmal schwammig klingen – aber auch sehr offen. Und deshalb haben sich spannende Menschen bei mir gemeldet, die sich auf eine klassische Ausschreibung vielleicht nicht beworben hätten. Vor allem hatten wir durch mein Netzwerk die Chance für einen direkten persönlichen Austausch, um zu sehen, ob es auch zwischenmenschlich passt.

Klar ist, dass das nicht in allen Unternehmen und schon gar nicht für alle Jobs funktioniert. Aber ich würde mir wünschen, dass wir stärker auf die sogenannten Soft Skills achten, weil sie uns viel mehr darüber sagen können, wie die Menschen sich entwickeln werden. Und darauf kommt es schließlich an: dass sich Teams und Unternehmen weiterentwickeln können, um zukunftsfähig zu sein.

Wenn Unternehmen es schaffen, diese unentdeckten Talente zu finden, die vielleicht nicht den geraden Berufsweg haben, die vielleicht aus einem ganz anderen Bereich und einer ganz anderen Branche kommen, die vielleicht einen völlig anderen Blickwinkel haben, dann haben sie nicht nur eine „menschliche Ressource", sondern eine einzigartige Person gefunden.

Und deshalb sollte das Bewerbungsgespräch erst der Anfang der zwischenmenschlichen Beziehung sein. In vielen Unternehmen herrscht immer noch die Meinung, dass ein Einstellungsprozess mit der Einstellung beendet ist. Dabei sagt das Wort doch schon, worum es auch geht, nämlich die Einstellung zueinander.

In einigen innovativen Unternehmen gibt es deshalb mittlerweile neben den Bewerbungsgesprächen, also den „Interviews", sogenannte Enterviews: Gespräche, in denen neuen Mitarbeitenden noch einmal ausführlich und wertschätzend gesagt wird, warum sich das Unternehmen für sie entschieden hat. Das ist nicht nur eine sehr schöne Möglichkeit, die anfängliche Unsicherheit abzufedern, sondern ebenso eine sehr empathische Art, von Anfang an eine wertschätzende Arbeitsbeziehung aufzubauen.

Genau das macht den Unterschied, und der ist nicht nur entscheidend dafür, wie gut Menschen dann miteinander arbeiten können. Er trägt auch dazu bei, ob und wie lange Talente bei einem Unternehmen bleiben. Das belegt auch die oben erwähnte „Great Attrition"-Studie von McKinsey.

Die Kündigungsrate hat durch die Coronapandemie einen neuen Höchstwert erreicht. Vielen Unternehmen fällt es schwer, dieses Problem zu handhaben. Anstatt sich die Zeit zu nehmen, die wahren Gründe für die Kündigungen zu verstehen, greifen viele Organisationen zu kurz gedachten

Lösungen, etwa Gehaltserhöhungen oder Bonuszahlungen, ohne sich um den wahren Grund zu kümmern: die Arbeitsbeziehungen. Anstatt menschlich wertgeschätzt zu werden, haben viele Mitarbeitende das Gefühl, wie eine Ressource behandelt zu werden, deren Preis gestiegen ist.

Die McKinsey-Studie hat nachgewiesen, dass sich Menschen soziale und zwischenmenschliche Beziehungen zu ihren Kolleg*innen und Vorgesetzten wünschen. Sie wollen menschliche Interaktionen und nicht nur Transaktionen wie: „Du gibst uns deine Arbeits-Ressource, wir geben dir dafür Geld." Die Pandemie hat uns mit dieser Realität konfrontiert. Arbeitnehmende sind nicht einfach nur Arbeitnehmende, sondern Menschen mit persönlichen und familiären Herausforderungen. Wenn Unternehmen den Zusammenhang zwischen diesen Dimensionen verstehen, können sie ihren Mitarbeitenden dabei helfen, sich individuell zu entfalten und ein größeres Maß an Menschlichkeit an den Arbeitsplatz zu bringen.

Die große Kündigungswelle, die unsere Arbeitswelt seit der Pandemie überspült, wird sich weiter fortsetzen und vielleicht sogar noch größer werden. Aber wir können diese Herausforderung auch als Chance begreifen, um zuzuhören, zu lernen und die Veränderungen anzustoßen, die wir in der Arbeitswelt jetzt brauchen. Wenn Unternehmen es schaffen, statt starren Strukturen und Hierarchien wertschätzende Arbeitsbeziehungen aufzubauen, ihnen Raum zu geben und sie zu fördern, steigern sie nicht nur die Zufriedenheit der Mitarbeitenden, sondern haben auch die Aussicht, neue Talente für sich zu begeistern.

Arbeitsbeziehungen müssen aber nicht nur innerhalb des Unternehmens stattfinden. Soziales Engagement und gesellschaftliche Verantwortung von Organisationen sind stark unterschätzte Möglichkeiten, Beziehungen zu leben, Mitarbeitenden Sinn zu stiften und ihnen die Möglichkeit zu geben, Verantwortung zu übernehmen.

Wie wir gesunde Arbeitsbeziehungen schaffen

Aber Beziehungen sind keine Einbahnstraße. Nicht nur die Organisation, für die wir arbeiten, ist dafür verantwortlich, wie unsere Arbeitsbeziehungen aussehen. Natürlich sind Unternehmen dafür verantwortlich – auch und vor allem im Eigeninteresse –, ein Umfeld zu schaffen, in dem positive Arbeitsbeziehungen wachsen und sich weiterentwickeln können, aber es liegt ebenso an uns allen, ob und wie wir dazu beitragen, Human Relations wachsen zu lassen. Und das heißt nicht, dass wir mit Kolleg*innen alle privaten Themen besprechen oder befreundet sein müssen, sondern dass wir uns gegenseitig nicht als Ressourcen, sondern als Menschen sehen.

Fakt ist: Wir haben immer Beziehungen zu den Menschen, mit denen wir arbeiten. Aber Unternehmen und Mitarbeitende können beeinflussen, ob das unempathische oder sogar toxische Beziehungen sind, die Kündigungen nach sich ziehen, oder empathische und wertschätzende Beziehungen, die Mitarbeitende zufriedener und Unternehmen erfolgreicher machen.

Für Human Relations braucht es eine empathische Vertrauenskultur in Unternehmen, die es den Mitarbeitenden ermöglicht, die Menschen zu sein, die sie wirklich sind.

Wenn wir uns selbst und andere nicht mehr als Arbeitsressourcen sehen, sondern als die einzigartigen Menschen, die wir sind, können wir unsere Beziehungen zueinander und zu uns selbst nutzen, um miteinander zu wachsen.

Human Relations

In unserer Arbeitswelt definieren wir uns selbst und unsere Kolleg*innen oft über die Rollen, in denen wir arbeiten. Aber wertvolle Arbeitsbeziehungen können nur dann entstehen, wenn wir uns darüber bewusst werden, wer wir selbst und die anderen Menschen, mit denen wir zusammenarbeiten, wirklich sind – fernab von unseren beruflichen Rollen. Deshalb ist es wichtig, dass wir uns darüber bewusst werden, welche menschlichen Fähigkeiten uns selbst und unsere Kolleg*innen in unserem Job besonders machen. Überlegt euch:

- Welche Fähigkeit bringt ihr in euren Job, in euer Team ein, die nichts mit eurer fachlichen Rolle zu tun hat? Vielleicht hört ihr besonders gut zu, vielleicht lockert ihr mit euren Witzen Meetings auf?
- Helft ihr besonders gerne neuen Kolleg*innen, sich einzufinden?
- Könnt ihr gut Feedback geben?
- Habt ihr ein Feingefühl für Stimmungen im Team?
- Könnt ihr andere besonders gut begeistern?

Und wie sieht es mit euren Kolleg*innen aus? Nehmt euch zum Start vielleicht drei Menschen, mit denen ihr am häufigsten zusammenarbeitet:

- Was zeichnet sie menschlich aus?
- Wie ist eure Beziehung zueinander?
- Gibt es etwas, das eure Arbeitsbeziehung auf menschlicher Ebene noch wertvoller machen könnte?

14

Warum Leadership etwas ist, das wir alle leben können

Kein Begriff wird im Zusammenhang mit der Arbeitswelt der Zukunft so oft genannt wie Leadership. Es gibt eigene Konferenzen dazu, Magazine, die Artikel dazu bringen, nicht zu vergessen die unzähligen Bücher, deren Cover dieses Wort ziert.

Aber fast überall gibt es ein Missverständnis: die Auffassung, dass Leadership nur ein Thema für Führungskräfte beziehungsweise Menschen mit Personalverantwortung ist. Dabei können wir alle Leadership übernehmen und sollten es auch. Ganz egal, in welcher Phase wir uns im Leben befinden, ganz egal, wie alt wir sind, und ganz egal, ob auf dem Papier, auf Hierarchie-Ebene, Menschen eine Berichtslinie zu uns haben oder nicht.

Denn die Grundlagen von Leadership sind Emotionalität und Empathie. Und Leadership bedeutet eben nicht einfach Führung, sondern vor allem Vorbildfunktion. Wir alle können ein Vorbild sein, ganz gleich, welche Position wir innehaben und in welcher Funktion wir sind. Vor allem sollten wir versuchen, ein Vorbild für uns selbst zu sein.

Bei Leadership geht es darum, das Potenzial in Projekten, Prozessen und Menschen zu sehen und dafür mutig Verantwortung zu übernehmen. Deshalb hat es nichts mit Alter, Berufserfahrung oder Titel zu tun, sondern vielmehr mit einer Vorbildfunktion.

Genau das beschreibt Brené Brown, die ich im ersten Kapitel erwähnt habe, in ihrem Bestseller *Dare to Lead*. Der Titel gibt einen Hinweis darauf, wie die Expertin das Thema Leadership sieht. Laut Brené Brown geht es vor allem darum, sich etwas zu trauen. Nämlich Verletzlichkeit, „vulnerability".

„Vulnerable Leadership" bedeutet in erster Linie, das Bewusstsein dafür zu haben, dass eine Führungsperson nicht unverwundbar ist und sein muss, sondern um das Anerkennen der eigenen Unperfektheit, um Menschlichkeit und Emotionalität, um so empathisch führen zu können.

Leadership heißt nicht, Antworten auf alle Fragen zu haben, sondern vielmehr zu wissen, was die richtigen Fragen sind. Und auch ehrlich zu sein und Transparenz zuzugeben, wenn man Dinge nicht weiß.

Was Feedback für Leadership bedeutet

Leider war in der Vergangenheit oft zu beobachten, dass Menschen mit Führungsverantwortung schnell meinten, nicht nur alles zu wissen, sondern auch die einzig gültige und richtige Meinung zu vertreten. Dass sich das langsam wandelt, gefällt mir, denn unsere Meinung zu ändern und vielleicht zuzugeben, dass eine andere Person recht hatte, ist kein Zeichen von Schwäche, sondern eines dafür, dass wir dazulernen und uns weiterentwickeln können.

Genau dafür ist Feedback so wichtig: um voneinander zu lernen und miteinander wachsen zu können. Aber gerade weil es so wichtig ist, braucht Feedback einen klaren Rahmen und – vielleicht könnt ihr es euch schon denken – Empathie. Gut gemeintes Feedback zum falschen Zeitpunkt kann nach hinten losgehen oder eine Person jahrelang begleiten. Schlimmstenfalls schreibt die Person dann ein Buch darüber, weil ihr eine Kollegin mal gesagt hat, sie sei zu emotional. Spaß beiseite.

Wir alle können darauf achten, wie wir Feedback geben, ob die andere Person es gerade annehmen kann und ob es ihr weiterhilft. Von vielen Dingen, die ich in den letzten Jahren über Feedback lernen durfte, sind mir drei besonders im Kopf geblieben:

1. Feedback sagt vor allem etwas über die Person aus, die das Feedback gibt, wie diese Person eine Situation bewertet. Und diese Perspektive muss nicht der Realität entsprechen.

2. Feedback ist ein Geschenk – aber wir können selbst entscheiden, ob wir das Geschenk annehmen und auspacken.
3. Feedback ist keine Einbahnstraße. In Feedback-Gesprächen sollte es immer um gegenseitiges Feedback gehen.

Denn Leadership beinhaltet auch die Kraft im Wort „Führungskraft". Es geht nicht um Macht anderen gegenüber, sondern darum, diese Kraft zu nutzen, um Menschen die Energie zu geben, die ihnen beim Wachsen helfen kann. Um zu verstehen, was die verschiedenen Menschen für ihre persönliche Entwicklung brauchen, sind Offenheit und ehrliche Neugier besonders hilfreich. Nur eine Person, die zuhört, um zu verstehen, und nicht zuhört, um zu antworten, kann wirklich etwas über die Kolleg*innen erfahren. Nur wer weiß, was die Teammitglieder beschäftigt, wie sie denken, was sie begeistert, kann genau darauf reagieren, sie entsprechend ihrer Stärken einsetzen und ihnen helfen, in persönlichen Entwicklungsbereichen zu wachsen.

Aber damit Menschen auch so offen mit einer Führungsperson sprechen können, braucht es Vertrauen. Und das kann nur entstehen, wenn ich mich selbst menschlich, ehrlich und unperfekt zeige. Menschen sind nicht perfekt, und wenn eine Führungskraft vorgibt, perfekt zu sein, wird statt Vertrauen Misstrauen entstehen.

Leadership braucht Pragmatismus statt Perfektionismus. Und dafür müssen Mitarbeitende vor allem begleitet und nicht durchgehend bewertet werden.

Eine Führungskraft sollte nicht nur damit umgehen können, wenn Menschen (fachlich) besser sind als sie selbst, sondern sie sollte dies ganz bewusst fördern. Es ist nämlich nicht die Aufgabe von Leadership, den Mitarbeitenden zu sagen, was sie tun sollen, sondern sie dazu zu befähigen, in ihrem Fachbereich das Beste zu erreichen. Und das kann bedeuten, dass Mitarbeitende in einigen Dingen besser sind als die Führungskraft selbst.

Für mich war das immer mein Ziel: mit Menschen zu arbeiten, die besser sind als ich selbst. Nur so kann ich von ihnen lernen und mit ihnen wachsen. Aber ich habe auch oft erlebt, dass es Führungspersonen schwerfällt, das auszuhalten.

Wie Führungskräfte von Mitarbeitenden lernen können

Vor einigen Jahren hat eine sehr gute Freundin, ihre Kinder waren damals noch recht klein, einen neuen Job in angefangen. Sie war relativ bekannt in ihrer Branche, und ihre neue Chefin schmückte sich im ersten Jahr gerne mit ihr. Sie war stolz, so eine sichtbare Person in ihrem Team zu haben, und betonte auch öffentlich, wie wichtig es ihr gewesen sei, eine junge Mutter einzustellen. Es gab sogar gemeinsame Interviews, und auch intern lief die Zusammenarbeit wie am Schnürchen.

Doch meine Freundin engagierte sich nicht nur innerhalb des Unternehmens, sondern auch in vielen Projekten außerhalb des Jobs. Und dieses Engagement führte nach einiger Zeit dazu, dass sie mit einem Preis ausgezeichnet wurde. Die Kolleg*innen freuten sich, gratulierten, es gab sogar Glückwünsche aus der Geschäftsführung.

Aber die direkte Chefin schwieg nicht nur zur Auszeichnung ihrer Mitarbeiterin, sie sagte auch alle gemeinsamen Meetings ab.

Sie empfand es offensichtlich als Affront, dass ihre eigene Mitarbeiterin mehr Sichtbarkeit hatte als sie selbst, und ab diesem Zeitpunkt versuchte sie alles, um nicht mehr mit dieser Person zusammenarbeiten zu müssen und ihr die verbliebene Arbeit möglichst schwer zu machen.

Was die Chefin als Zumutung empfand, hätte eigentlich Mut gebraucht. Mut, einen Menschen wachsen zu lassen, auch wenn das bedeutet, dass dieser Mensch über sie hinauswachsen kann. Mut, die Rolle als Führungskraft nicht mit Machtgefühl zu leben, sondern mit dem Gefühl für Macht.

In diesem Fall nutzte die Chefin auch die Leistungsbewertung, um die Mitarbeiterin abzuwerten und sich so besser fühlen zu können. Und das ist leider häufig der Fall, selbst wenn das Verhältnis nicht so angespannt ist wie in der beschriebenen Situation.

Viele Führungskräfte nutzen Zielvereinbarungs- oder Bewertungsgespräche, um sich selbst aufzuwerten – indem sie andere abwerten. Oft passiert das unbewusst, was es allerdings nicht weniger schlimm macht.

In den letzten Jahren durfte ich selbst erleben, was es ausmacht, wenn solche Gespräche genau dafür genutzt werden, wofür sie gedacht sind: gemeinsame Visionen zu finden und dafür Ziele zu setzen und vergangene Situationen und Projekte zu bewerten, um daraus zu lernen.

Führungskräfte haben die Wahl, ob sie ihre Mitarbeitenden zum Ziel hinloben oder hinschimpfen wollen. Und in beiden Fällen ist relativ klar, wie es nach der Ziellinie aussehen wird. Die, die hingeschimpft wurden, werden hinter dem Ziel zusammenbrechen – und vielleicht nie mehr loslaufen. Die, die hingelobt wurden, werden der Führungskraft nach der Ziellinie um den Hals fallen, mit ihr feiern und sich schon auf das nächste gemeinsame Ziel freuen.

Die Rolle als Coach ist nämlich eine Grundlage für Leadership.

Nochmals: Leadership können wir alle übernehmen. Wir können uns alle gegenseitig coachen und anfeuern. Wir sollten es viel öfter sagen, wenn wir Menschen bewundern und an sie glauben. Das dauert meist nur ein paar Minuten, aber für diese Menschen kann es ein ganzes Leben lang Auswirkungen haben.

Anerkennung ist ein Grundbedürfnis, das wir alle haben. Wir wollen gewürdigt und gesehen werden, für das, was uns ausmacht, und in der Arbeit auch für das, was wir tun. Das stärkt nicht nur die Beziehung zwischen Mitarbeitenden und Führungskraft, sondern ebenso das Zusammengehörigkeitsgefühl im Team. Wirkliches Leadership ist dann gelebt, wenn die Leistung und der Beitrag zum Erfolg aller Menschen im Team anerkannt wird – und das bezieht genauso Praktikant*innen mit ein.

Wer Teamerfolg nur für sich beansprucht, zeigt Führungs-schwäche statt Führungskraft.

Eine Führungsrolle innerhalb einer Organisation beeinhal-tet oft viele Privilegien, und wie überall bringt jedes Privi-leg, das wir haben, auch eine Verantwortung mit sich. Ge-nau das bedeutet es nämlich, Personalverantwortung zu haben: Verantwortung für diese Personen, diese Menschen zu übernehmen.

Was Haltung und Zurückhaltung für Führung bedeutet

Ich denke, es ist inzwischen klar geworden: Empathische Führung ist die Zukunft. Und es gibt mittlerweile genügend Studien, die das belegen. „Empathy is the most important leadership skill", schrieb das US-Magazin *Forbes* im Sep-tember 2021 über eine Studie der Non-Profit-Organisation Catalyst. Mitarbeitende einfühlsamer Führungskräfte sind laut dieser Umfrage um 61 Prozent innovativer, engagieren sich stärker für ihr Unternehmen und fühlen sich signifikant mehr an ihre Organisation gebunden.

Um empathisch zu sein, müssen wir Raum für Gefühle schaffen – für unsere eigenen und die unserer Teammitglie-der. Das bedeutet nicht, allen Gefühlen unkontrolliert freien Lauf zu lassen. Haltung ist ein wichtiger Teil von Leadership, aber wir sollten nicht vergessen, dass auch Zurückhaltung eine Haltung sein kann. Die Aufgabe von Unternehmen und Führungskräften ist es, eine Kultur zu schaffen, in der Raum für Emotionalität gegeben wird, dafür zu sorgen, dass dieser Raum offen ist, aber auch signalisiert: Ihr könnt, wenn ihr wollt, aber niemand muss. Emotionalität ist sehr individuell, und meine Art, mit Emotionen umzugehen, ist eine andere als die einer Kollegin. Das anzuerkennen ist Empathie.

Die richtige Auswahl von Menschen gerade in leitenden Positionen wird in Zukunft deutlich an Relevanz gewinnen. Führungskräfte brauchen nicht unbedingt fachliches Knowhow, sondern Kompetenzen wie Empathie und Selbstreflexion. Gleichzeitig sollten die Menschen, die jetzt schon an der Spitze sind und Menschen führen, gut geschult werden, falls sie diese Skills noch nicht haben. Einfach nur Seminare abzuhalten und einen Haken dranzusetzen wird nicht ausreichen.

Führungskräfte benötigen eine intrinsische Motivation. Und die entsteht, wenn sie feststellen, dass sich Empathie lohnt – weil sie Teams erfolgreicher macht und Unternehmen zu besseren Ergebnissen führt. Das Lernen von emotionaler Sprache sollte deshalb genauso anerkannt sein wie das Lernen einer Programmiersprache. Und diese emotionale Sprache können wir selbst jeden Tag trainieren, indem wir unsere Emotionen bewusst wahrnehmen und sie reflektieren. Indem wir SelbstBEWUSSTsein entwickeln und lernen zu verstehen, wer wir wirklich sind und was wir brauchen, um Leadership zu leben. Dabei helfen können weiterhin Mentor*innen, Coaches, Trainer*innen, Therapeut*innen. Aber auch ein grundsätzlicher Kulturwandel innerhalb der Unternehmen. Ich wünsche mir, dass Emotionen in Zukunft nicht mehr als Zeichen von Schwäche, sondern von Stärke gelten. Denn: Leadership bedeutet eben nicht einfach Führung, sondern vor allem Vorbildfunktion.

Ebenso sollte es nicht darum gehen, wie wir möglichst schnell den nächsten Karriereschritt gehen können, um ein Team zu leiten und Privilegien zu bekommen. Denn wenn wir immer nur nach dem nächsten Schritt schauen, sehen wir nicht, wo wir gerade stehen. Und genau dort, wo wir gerade stehen, sollten wir Leadership für uns selbst übernehmen und unsere eigene FührungsKRAFT entwickeln.

Um Leadership zu leben, ist es wichtig zu verstehen:

1. Warum uns Emotionen selbstbewusster machen.
2. Warum es keine „Kopf- oder Bauchmenschen" gibt.
3. Warum vermeintlich negative Emotionen wichtig sind.
4. Warum Intelligenz mehr ist als ein IQ-Wert.
5. Warum emotionale Intelligenz unsere Resilienz steigert.
6. Warum wir uns wie Hochstapler*innen fühlen – manchmal zumindest.
7. Warum wir Mitgefühl mit uns selbst haben sollten, um Empathie zu leben.
8. Warum Gefühle einen Gender Bias haben.
9. Warum Kommunikation immer emotional ist.
10. Warum uns Glück gesünder und erfolgreicher macht.
11. Warum Werte ein Kompass für unser Leben sein können.
12. Warum die Arbeitswelt der Zukunft emotional ist.
13. Warum aus „Human Resources" „Human Relations" werden sollten.

Und das habt ihr jetzt alles schon gelesen. Also lasst uns loslegen!

Mit Gefühl und mit Mitgefühl.

Wir können alle Leadership für uns selbst, unser Leben und unsere Mitmenschen übernehmen. Leadership ist vor allem eine Vorbildfunktion und eine Entscheidung. Die Entscheidung, mit Gefühl und Verantwortung in die Zukunft zu blicken.

FührungsKRAFT

Ganz egal, wo wir in unserem Leben stehen, ganz egal, welche Position wir gerade haben, wir können alle Leadership übernehmen, denn dafür müssen wir keine Führungsrolle zugeschrieben bekommen, wir können sie selbst einnehmen.

- In welchem Bereich, für welches Projekt, für welche Menschen wollt ihr eure FührungsKRAFT nutzen?
- Welche Eigenschaften habt ihr, die eure FührungsKRAFT besonders machen?
- Welche Eigenschaften bewundert ihr an anderen Menschen? Wie könntet ihr diese Eigenschaften entwickeln?
- Was für eine Führungsperson hättet ihr in der Vergangenheit gebraucht?
- Wie könnt ihr selbst in Zukunft genau diese Führungsperson für euch und andere Menschen sein?

Nachwort

Wenn ich gewusst hätte, welches Emotionschaos dieses Buch bei mir verursacht, hätte ich es wahrscheinlich nicht geschrieben. Moment. Vielleicht hätte ich es gerade deshalb geschrieben. Weil mir genau dieses Emotionschaos nochmals gezeigt hat, wie wichtig es ist, sich selbst zu reflektieren und Emotionen bewusst und bestenfalls mitfühlend wahrzunehmen, anstatt gegen sie anzukämpfen.

Die ersten beiden Buchangebote sagte ich ab. Weil mein Impostor und meine innere Kritikerin sich einig waren, dass ich das niemals schaffe und das Thema zu wenig Menschen interessieren würde. Aber trotz meiner Absage blieb eine Person hartnäckig, weil sie an das Thema und mich glaubte. Und manchmal ist es so wunderbar, zu spüren, wenn Menschen mehr an einen glauben, als man es selbst gerade kann.

Ich hatte das Gefühl, gesehen, verstanden zu werden, und ohne mich unter Druck zu setzen, signalisierte sie mir, dass sie warten würde, bis ich bereit sei. Irgendwann habe ich dann aber gespürt, dass ich nie wirklich bereit sein werde, dass die Angst immer da sein wird – und mich daran erinnert, dass es im Leben nicht darum geht, keine Angst zu haben, sondern Dinge trotzdem zu tun.

Die Angst wurde nämlich nicht weniger mit dem Moment, als ich plötzlich einen Buchvertrag in der Hand hatte. Da stand „Autorin". Aber ich bin doch gar keine Autorin! Ich kann doch gar nicht richtig schreiben. Ich finde bestimmt nicht die richtigen Worte. Außerdem bin ich weder Psychologin noch Arbeitswissenschaftlerin – wie komme ich da überhaupt auf die Idee, über Emotionen in der Arbeitswelt zu schreiben? Hallo, Impostor, my old friend …

Also habe ich alle Bücher, die mich in den letzten Jahren so begeistert haben, noch einmal gelesen, neue bestellt, mit Autor*innen gesprochen, mich durch Blogs und Fachartikel gewühlt, um noch mehr Bücher zu entdecken, die ich lesen musste. Und mit jeder Zeile, die ich las, mit jedem klug formulierten Satz wurde die Angst größer und mit ihr die Überzeugung, dass das mit dem Buch eine richtig dumme Entscheidung war. Nie werde ich so gut schreiben können wie die anderen. Und dann sagte eine Freundin: „Lena, niemand will ein Buch lesen, das so klingt wie alle anderen. Niemand will eine Kopie von etwas, das es schon gibt. Du kannst durch deine Einzigartigkeit etwas Neues schaffen."

Damit kam die Vorfreude und der Stolz, vieles aufschreiben zu dürfen, was mir schon seit einigen Jahren durch den

Kopf geht. Meine Erfahrungen zu teilen, vielleicht andere Menschen zum Nachdenken anzuregen oder sogar zu ermutigen, ihre Emotionen zu nutzen. Was für ein Privileg, diese Möglichkeit zu bekommen. Was für eine große Chance, Dinge zum Positiven verändern zu können.

Vorfreude und Stolz blieben, aber die Angst eben auch. Und mir war klar, dass sie auch nicht einfach verschwinden würde. Genauso wie das Impostor und die innere Kritikerin. Wenn die Angst in mir die Macht an sich reißen wollte und ich nachts mit Panik aufwachte oder vor lauter Anspannung Bauchschmerzen bekam, habe ich mich daran erinnert, dass es keine Kopf- und Bauchmenschen gibt und dass ich mein emotionales Nervensystem auch selbst beruhigen kann.

Ich habe mich daran erinnert, dass es keine positiven und negativen Emotionen gibt, sondern alle Emotionen eine Berechtigung haben, und dass es vollkommen okay ist, Angst zu haben.

Ich habe mich daran erinnert, dass mein Impostor mich zu Prokrastination und Perfektionismus bewegen will und dass ich ihm mit Empathie begegnen muss, um ihn davon zu überzeugen, dass alles okay ist.

Ich habe mich daran erinnert, dass mein innerer Förderverein mir dabei helfen kann, dieses Buch zu schreiben.

Ich habe mich daran erinnert, für was ich alles dankbar bin – und mir damit Sicherheit gegeben.

Ich habe mich daran erinnert, welche Werte mich antreiben und warum mir das Schreiben dabei helfen kann, diese Werte in die Welt zu tragen.

Ich habe mich daran erinnert, dass Kommunikation mich darin unterstützen kann, meine Emotionen zu reflektieren und ihnen Ausdruck zu geben.

Ich habe mich daran erinnert, dass ich mir eine Arbeitswelt wünsche, die empathischer ist, und dass wir für Veränderung Mut und Vertrauen brauchen.

Und dann ist dieses Buch entstanden.

Aber es wäre natürlich zu schön, wenn es einfach so entstanden wäre. Ich bin ehrlich, an der ein oder anderen Stelle war es ein echter Kampf mit mir selbst, und ich habe sogar nachgelesen, wie hoch die Vertragsstrafe wäre, wenn ich das Ganze wieder abblase. Was es bedeutet, neben einem Vollzeitjob, in der arbeitsintensivsten Phase des Jahres, während einer ausgewachsenen Ehekrise, mit Verantwortung für Kinder ein Buch zu schreiben, hätte ich mir eigentlich vorher denken können. Hier hat sich mein unverbesserlicher Optimismus wohl mal wieder über die Angst gestellt – oder mein bayerischer Dickkopf. Im Zweifelsfall beides.

Wenn ein Kapitel mal gut lief und ich das Gefühl hatte, im Flow zu sein, wurde das nächste umso schwieriger, sperriger, wollte sich in meinem Kopf nicht so zusammenfügen, wie ich mir das vorgestellt hatte, und meine Finger fühlten sich an, als würden sie zum ersten Mal auf einer Tastatur liegen. Ich hoffe, ihr habt nicht gemerkt, welche Kapitel das waren.

Fünf Wochen vor dem Abgabetermin war ich auf einer Konferenz eingeladen, um auf einem Panel über Emotionen in der Arbeitswelt zu sprechen. Als ich erfahren habe, dass die Frau, die so an mich glaubte und mir den Buchvertrag ermöglichte (aber eben auch Programmleiterin im Verlag ist und damit eine große Mitverantwortung trägt), ebenfalls auf der Konferenz sein wird, wurde ich panisch und malte mir aus, was sie wohl sagen würde, wenn sie mich sieht, was ich antworten würde, wenn sie nach dem Manuskript fragt.

Den ganzen Vormittag war ich begleitet von diesen Sorgen, bis ich ihr tatsächlich in die Arme lief. Und sie mich einfach herzlich umarmte und sagte, wie sehr sie sich auf das Buch freue. Ein Großteil unserer Sorgen wird eben nie Realität.

Drei Wochen vor dem Abgabetermin wartete ich geradezu minütlich darauf, dass sie anrufen würde, dass sie mich an die Deadline erinnern würde. Und dann war sie da, die E-Mail von ihr. An einem Morgen, an dem ich, nachdem die Kinder aus dem Haus waren, gerade zur nächsten Konferenz hetzte, auf der Fahrt dorthin noch ein wichtiges Online-Meeting hatte und vor Müdigkeit komplett neben mir stand. Perfektes Timing, dachte ich sarkastisch. Auch das noch.

Aber in der E-Mail stand kein einziges Wort von dem, was ich mir vorgestellt hatte, sondern Folgendes:

Betreff: Toitoitoi Endspurt

Liebe Lena,
... Ich wünsche gutes Gelingen und den absoluten Flow. Lass dich nicht von Kleinigkeiten aufhalten, so was wie Sätze, die dir nicht behagen – das ist Pillepalle und machen wir später schön. Sollte der innere Kritiker aufmerken, sag ihm: Tschö, keine Zeit!
Das Wichtigste ist, dass du das Gefühl hast, da wächst was

unter deinen Fingern, und dass das „große Ganze" Formen
annimmt. Du hast so viel zu sagen und so wichtige Gedan-
ken – LASS ALLES RAUS :-)
Ich bin schon voller Vorfreude auf dein Manuskript. Es wird
richtig toll werden! Hach!
Ganz liebe Grüße, und yeah, Endspurt!
Deine Franziska

Das war alles und noch viel mehr, was ich genau in diesem
Moment gebraucht habe. Keinen Druck (den kann ich mir
nämlich selbst ganz wunderbar machen), sondern Mitgefühl, Zuspruch, Vertrauen. Diese E-Mail hat für mich nochmals bekräftigt, wie wichtig Emotionen und Mitgefühl sein
können, und gleichzeitig gespiegelt, wie sehr ich von Druck
und Kritik in der Arbeitswelt geprägt bin und wie unglaublich gut es sich anfühlt, wenn wir empathisch und emotional intelligent miteinander arbeiten.

Ich denke, dass wir gerade einen Paradigmenwechsel in der
Konnotation von Emotionalität erleben. 2019, als ich das
erste Mal einen Artikel über Emotionen in der Arbeitswelt
geschrieben habe, war mein letzter Absatz: „Falls in Zukunft eine Kollegin noch mal zu mir sagt: ‚Du bist emotional', dann hoffe ich, dass es als Kompliment gilt."
    Das Image von Emotionalität im Beruf bewegt sich mehr
und mehr in eine positive Richtung. Wir alle können ein Teil
dieser Bewegung sein, auf unsere ganz eigene Art und Weise.
Emotionen sind etwas höchst Individuelles, deshalb gibt es
hier nicht den einen richtigen Weg. Aber wenn wir uns alle

nur ein Stück bewusster über uns selbst werden, wenn wir zumindest ab und zu Mitgefühl mit uns haben, wenn wir zu dem ein oder anderen Termin Empathie miteinladen – dann können all diese kleinen Veränderungen einen großen Wandel anstoßen.

Was mich dabei besonders antreibt, ist das Bewusstsein, dass wir das nicht nur für uns selbst tun, sondern dass die (Arbeits-)Welt der Zukunft eine bessere werden kann.

Euch bin ich unglaublich dankbar, wenn ihr bis hierher gelesen habt. Auch wenn ihr womöglich an der ein oder anderen Stelle anderer Meinung wart oder das Geschriebene nicht eure Erwartungen erfüllt hat. Vielleicht habt ihr aber auch neue Impulse bekommen, vielleicht habt ihr über neue Dinge nachgedacht.

Ich würde mich freuen, wenn ihr eure Gedanken, eure Gefühle über dieses Buch mit mir – oder vielleicht auch mit anderen teilt! #MitGefühl

Danksagung

Eigentlich müsste ich an dieser Stelle allen Menschen in meinem Leben danken, weil sie mich geprägt haben – im Positiven wie im Negativen. Aber für dieses Buch waren einige Menschen besonders wichtig.

Danke Paula, Ronja, Timo, Ricarda, Jan, Meike, Bianca, Jacquie, Aylin, Sepideh – danke, dass ich mit euch wachsen und euch beim Wachsen begleiten durfte. Danke, dass ihr mir den Raum gegeben habt, emotionale Führung zu leben.

Danke Sandra und Anna-Lena, dass ihr an mich geglaubt habt, als ich es selbst noch nicht konnte, und mir Türen geöffnet habt, die mir Raum zum Wachsen gegeben haben.

Danke Claudia, Miri, Pina, Nora, Amelie, Düzen, Sinah, Laura, Verena und so viele mehr, dass ihr mich begleitet, dass ihr eure Emotionen mit mir teilt und ich meine Emotionen mit euch teilen darf.

Danke Marcus, Kathleen, Herr Hansen und Frau Kaufmann, dass ihr mich als Coach, Mentorin und Therapeut*in begleitet und mir helft, meine Emotionen zu nutzen.

Danke Birgit, Janina und Michèle, dass ihr eure eigenen Erfahrungen mit Buchverträgen und Schreibprozessen so transparent geteilt und mit mir mitgefühlt habt.

Danke Timm, dass du mit mir die emotionale Achterbahn fährst – hoffentlich noch viele Runden mehr.

Danke an meine Kinder. Ihr habt mir Gefühle gezeigt, von denen ich nie geglaubt habe, dass ich sie fühlen kann.

Quellen

Kapitel 1

Big Five (Psychologie) https://de.wikipedia.org/wiki/Big_Five_(Psychologie)

Kapitel 2

Das sagt die Körpersprache der Mächtigen https://www.wiwo.de/erfolg/management/mimik-und-gestik-wie-koerpersprache-emotionen-und-hormone-beeinflusst/10886848-2.html

Professor Andreas Ströhle https://www.aerztezeitung.de/Medizin/Sport-beugt-Depressionen-und-Panikattacken-vor-213825.html

Jennifer K. MacCormack und Kristen A. Lindquist: *Bodily Contributions to Emotion: Schachter's Legacy for a Psychological Constructionist View on Emotion* https://doi.org/10.1177/1754073916639664

Kapitel 3

David A. Sbarra, Hillary L. Smith und Matthias R. Mehl: *When Leaving Your Ex, Love Yourself: Observational Ratings of Self-Compassion Predict the Course of Emotional Recovery Following Marital Separation* https://journals.sagepub.com/doi/10.1177/0956797611429466

Emily A. Butler u. a.: *The Social Consequences of Suppressing Emotions* https://pubmed.ncbi.nlm.nih.gov/12899316/#:~:text=Abstract,communication%20and%20increase%20stress%20levels.

Marcus Mund und Kristin Mitte: *The Costs of Repression: A Meta-Analysis on the Relation Between Repressive Coping and Somatic Diseases* https://idw-online.de/de/news508214

Big Boys And Girls Do Cry https://business.rice.edu/wisdom/peer-reviewed-research/outside-perception-leaders-influenced-emotions-they-display

Kapitel 4

Carolyn McCann: *Emotional Intelligence Predicts Academic Performance: A Meta-Analysis* https://www.apa.org/pubs/journals/releases/bul-bul0000219.pdf

Mohammad Sahebalzami u. a.: *The Relationship Between Spiritual Intelligence With Psychological Well-Being and Purpose in Life of Nurses* https://www.ncbi.nlm.nih.gov/pmc/articles/PMC3748553/#:~:text=Spiritual%20intelligence%20is%20defined%20as,a%20goal%20in%20their%20life

Seventy-One Percent of Employers Say They Value Emotional Intelligence Over IQ, According to CareerBuilder Survey https://press.careerbuilder.com/2011-08-18-Seventy-One-Percent-of-Employers-Say-They-Value-Emotional-Intelligence-Over-IQ-According-to-CareerBuilder-Survey

Kapitel 5

Thomas D. Borkovec: *The Role of Positive Beliefs About Worry in Generalized Anxiety Disorder and its Treatment* https://onlinelibrary.wiley.com/doi/10.1002/(SICI)1099-0879(199905)6:2%3C126::AID-CPP193%3E3.0.CO;2-M

Tamera R. Schneider: *Emotional intelligence and Resilience* https://www.sciencedirect.com/science/article/abs/pii S0191886913007460#!

Kapitel 6

Pauline Rose Clance u. a.: *The Imposter Phenomenon in High Achieving Women: Dynamics and Therapeutic Intervention* https://psycnet.apa.org/record/1979-26502-001

Angela Clow u. a.: *The Impact of Psychological Stress on Immune Function in the Athletic Population* https://pubmed.ncbi.nlm.nih.gov/11579748/

Donte L. Bernrad: *Impostor Phenomenon and Mental Health: The Influence of Racial Discrimination and Gender* https://psycnet.apa.org/record/2017-05737-001

Basima A. Tewfik: *The Impostor Phenomenon Revisited: Examining the Relationship between Workplace Impostor Thoughts and Interpersonal Effectiveness at Work* https://journals.aom.org/doi/abs/10.5465/amj.2020.1627

Kapitel 7

J. Kiley Hamlin: *Social Evaluation by Preverbal Infants* https://www.researchgate.net/publication/5814807_Social_Evaluation_by_Preverbal_Infants

Kapitel 8

Alexander Weigard: *Little Evidence for Sex or Ovarian Hormone Influences on Affective Variability* https://www.nature.com/articles/s41598-021-00143-7

Terri Simpkin: *Mixed Feelings: How to Deal With Emotions at Work* https://www.totaljobs.com/advice/emotions-at-work?WT.mc_id=E_A_AF_AWIN_TJ&awc=21134_1655119140_b311a114fe52fbe6383f52d502821616

Ruchika Tulshyan und Jodi-Anne Burey: *Stop Telling Women they Have Impostor Syndrom* https://hbr.org/2021/02/stop-telling-women-they-have-imposter-syndrome

Nick Verkerk: *Overconfidence and the Dunning-Kruger Effect: A Field Experiment* https://scripties.uba.uva.nl/download?fid=672685

Kapitel 9

Das Kommunikationsquadrat https://www.schulz-von-thun.de/die-modelle/das-kommunikationsquadrat

David A. Havas: *Cosmetic Use of Botulinum Toxin-A Affects Processing of Emotional Language* https://www.ncbi.nlm.nih.gov/pmc/articles/PMC3070188/

Vignesh Ramachandran: *Stanford Researchers Identify Four Causes for 'Zoom Fatigue' and Their Simple Fixes* https://news.stanford.edu/2021/02/23/four-causes-zoom-fatigue-solutions/

Michael W. Kraus: *Voice-Only Communication Enhances Empathic Accuracy* https://static1.squarespace.com/static/5432cod8e4bofc3eccdbo500/t/58a3af-349f74565ea7d27f32/1487122231232/voice-only-communication-enhances-empathic-accuracy.pdf

Kapitel 10

Ed Diener: *The Benefits of Frequent Positive Affect: Does Happiness Lead to Success?* http://sonjalyubomirsky.com/wp-content/themes/sonjalyubomirsky/papers/LKD2005.pdf

Nicholas A. Christakis: *Dynamic Spread of Happiness in a Large Social Network: Longitudinal Analysis Over 20 Years in the Framingham Heart Study* https://www.bmj.com/content/337/bmj.a2338

Harvard Study of Adult Development https://www.adultdevelopmentstudy.org/

S. Katherine Nelson-Coffey u. a.: *Kindness in the Blood: A Randomized Controlled Trial of the Gene Regulatory Impact of Prosocial Behavior* https://pubmed.ncbi.nlm.nih.gov/28395185/

Ricky N. Lawton: *Does Volunteering Make Us Happier, or Are Happier People More Likely to Volunteer? Addressing the Problem of Reverse Causality When Estimating the Wellbeing Impacts of Volunteering* https://link.springer.com/article/10.1007/s10902-020-00242-8

Robert A. Emmons und Micael E. McCullough: *Counting Blessings Versus Burdens: An Experimental Investigation of Gratitude and Subjective Well-Being in Daily Life* https://greatergood.berkeley.edu/pdfs/GratitudePDFs/6Emmons-BlessingsBurdens.pdf

Lee Rowland und Oliver Scott Curry: *A Range of Kindness Activities Boost Happiness* https://pubmed.ncbi.nlm.nih.gov/29702043/

Kapitel 11

Kaufentscheidungen auch an Werten orientiert https://www.marketing-boerse.de/news/details/1912-kaufentscheidungen-auch-an-werten-orientiert/155067

Kantar Purpose 2020 Study https://kantar.no/globalassets/ekspertiseomrader/merkevarebygging/purpose-2020/p2020-frokostseminar-250418.pdf

Kapitel 12

Weltwirtschaftsforum: *The Future of Jobs and Skills* https://reports.weforum.org/future-of-jobs-2016/chapter-1-the-future-of-jobs-and-skills/

These are the Top 10 Job Skills of Tomorrow – and How Long it Takes to Learn Them https://www.weforum.org/agenda/2020/10/top-10-work-skills-of-tomorrow-how-long-it-takes-to-learn-them/

Rocío Lorenzo u. a.: *The Mix That Matters* https://www.bcg.com/de-de/publications/2017/people-organization-leadership-talent-innovation-through-diversity-mix-that-matters

Michael E. Parke u. a.: *The Creative and Cross-Functional Benefits of Wearing Hearts on Sleeves: Authentic Affect Climate, Information Elaboration, and Team Creativity* https://pubsonline.informs.org/doi/10.1287/orsc.2021.1448

Kapitel 13

Aaron De Smet u. a.: *'Great Attrition' or 'Great Attraction'? The Choice is Yours* https://www.mckinsey.com/business-functions/people-and-organizational-performance/our-insights/great-attrition-or-great-attraction-the-choice-is-yours

Kapitel 14

Tara von Bommel: *The Power of Empathy in Times of Crisis and Beyond* https://www.catalyst.org/reports/empathy-work-strategy-crisis/